図解 思わずだれかに話したくなる

もっと身近にあふれる「科学」が3時間でわかる本

編著 左巻健男

読者のみなさんへ

　本書は、次のような人たちに向けて書きました。

・理科（科学）は苦手だが、興味はある！
・身のまわりにあふれる製品のしくみを知りたい！
・身のまわりの科学をやさしく学びたい！

　私たちは毎日、起きて、さまざまな活動をして、寝る、という生活を送っています。
　私たちが生きていくためには、最低限食べ物と、水と空気（酸素）が必要です。さらに快適に生きるためには衣服や住まいも必要です。それだけではなく、生活を、もっとゆたかに、もっと快適に、そしてもっと安全にするためにさまざまな科学・技術の成果を使っています。
　しかし、それらの科学・技術は、私たちにとって当たり前のものになってしまい、そのしくみなどはわからなくても、スイッチを入れれば使えるようなものになっています。

　本書は、そんな身のまわりにあふれる「科学」について、何が科学的に正しくて本当はまちがっているのかや、製品の中でブラックボックスになってしまっていることについて、できるだけや

さしく「科学の目」で見てみたい、と企画されました。

　本書の姉妹書は、すでに出版されて大好評だった『図解　身近にあふれる「科学」が3時間でわかる本』(小社)です。

　多くの反響の中で、「もっと知りたいことがある」「続編が読みたい」とのお声をいただき、それならばとテーマをあげてみたら、「これは"もっと"おもしろいぞ」ということで、本書を出すことになったのです。ぜひ2冊合わせてお読みください。

　執筆者は、雑誌『RikaTan(理科の探検)』誌委員の有志です。小学校、中学校、高等学校、大学の教員で、みな「科学リテラシー」を育てるにはどうしたらいいかという問題意識をもっています。科学リテラシーとは、ひと言でいえば「一人前の大人ならだれもがもつべき科学の常識」といえるでしょう。

　本書は私たちが考える科学リテラシーとはどういうものかを具体化したものです。

　ぜひ、一緒に身のまわりを「科学の目」でぐるっと見回してみましょう。

　最後になりますが、「理科が苦手」の代表として、また最初の読者として、労多い編集作業を遂行していただいた明日香出版社編集の田中裕也さんにお礼を申し上げます。

　　　　　　　　　　　　　　　　　　　編著者　左巻健男

第1章　『食品・健康』にあふれる科学

01　健康食品・サプリは本当に体にいいの？　　014
02　「化学調味料は体によくない」はウソ？　　018
03　「アルカリ性食品は体にいい」はウソ？　　022
04　コーヒーに角砂糖2個でどのくらい肥る？　　026
05　コーラを飲むと骨が溶けるって本当？　　030
06　しょう油を飲みすぎると死ぬって本当？　　034
07　ダイエットをすると寿命が短くなる？　　038
08　「サプリを飲むだけでやせる」にはカラクリがある？　　042
09　たばこを吸うと肺がんになるって本当？　　045
10　こげを食べるとがんになるって本当？　　048
11　お酒を飲みすぎるとDNAを傷つける？　　052
12　「美肌の湯」と「美人の湯」は何がちがうの？　　056

読者のみなさんへ　　003

第2章 『キッチン』にあふれる科学

13	浄水器はどうやって水をきれいにしている？	062
14	ペットボトルの「ペット」って何？	066
15	アルミ箔はなぜ表と裏で色がちがうの？	070
16	保冷剤のしくみはどうなっているの？	074
17	なぜラップは簡単にくっつくの？	078
18	水回りに強いステンレス素材はすでにさびている？	081
19	セラミックス製の包丁は金属包丁と何がちがうの？	084

第3章 『風呂・掃除・洗濯』にあふれる科学

20 消臭剤と芳香剤は何がちがうの? 088
21 リンス・コンディショナー・トリートメントの
　　ちがいは何? 092
22 お風呂の栓を開けると渦は左巻きになる? 096
23 洗剤はどの汚れに何を使ったら効果があるの? 100
24 トイレのお掃除ブラシは
　　下水道に匹敵する汚染レベルだった? 104
25 ワックスがけとフロアコーティングのちがいは何? 108

第4章 『家電・明かり・光』にあふれる科学

26 「吸引力の変わらない掃除機」は
　　なぜ吸引力が落ちないの？　　　　　　　　　112

27 上下どっちのスイッチでもON/OFFできるのはなぜ？　114

28 パソコンに必ずついてるUSBって何？　　　　　118

29 蛍光灯が光るしくみはオーロラと同じ？　　　　122

30 暗くても光る「蓄光塗料」はどんなしくみなの？　126

31 LED電球は蛍光灯の何個分長持ちする？　　　　130

32 なぜ空は青く、夕日は赤いの？　　　　　　　　133

第5章 『快適生活』にあふれる科学

33 形状記憶ブラのしくみはどうなっている？ 136

34 形態安定シャツは普通のシャツと何がちがうの？ 140

35 静電気は服の組み合わせしだいで軽減できる？ 144

36 使い捨てカイロはどうやって熱が出るの？ 147

37 すぐに温かくなる駅弁のしくみはどうなっている？ 151

38 なぜ私たちの身のまわりはガラスだらけなの？ 155

39 目に見えない人感センサはどうやって人を検知しているの？ 159

第6章 『安全生活』にあふれる科学

40 ガスのにおいとスカンクのおならの主成分は同じ？　164
41 天ぷら火災にはなぜ水をかけてはいけないの？　167
42 ダイヤモンドは火事になると燃えてしまう？　170
43 消火器で消火できるしくみはどうなっている？　174
44 地震予知は本当にできるの？　178
45 携帯電話の電波に危険はないの？　182

第7章 『先端技術』にあふれる科学

46 ロケットとミサイルが飛ぶしくみは同じ？　186
47 生き物がヒントになった技術革新がたくさんある？　190
48 放射能と放射線のちがいって何？　194
49 電気自動車や燃料電池車の課題と普及のカギはどこにある？　198
50 自動運転車はどんなしくみで走るの？　202
51 リニアモーターカーが動くしくみは電子シェーバーと同じ？　206
52 AI（人工知能）に危険はないの？　209
53 人間はAIに仕事を奪われてしまうの？　213
54 iPS細胞って何？　216
55 iPS細胞で期待される再生医療って何？　219

ブックデザイン・挿画　末吉喜美

第1章
『食品・健康』にあふれる科学

01 健康食品・サプリは本当に体にいいの？

> 健康ブームの中、健康食品・サプリが注目されています。今や50代以上の約3割が毎日健康食品をとる時代といわれます。健康食品・サプリについての基本をおさえておきましょう。

● 科学的根拠がなくても販売できる

サプリメント（supplement）は「補う」という意味です（以下、サプリ）。不足しがちな栄養素や食品成分を補うものですが、あくまで補助的なものです。

健康食品・サプリも保健機能食品も**法的には食品の仲間で、医薬品ではありません**。健康食品の定義そのものもはっきりしていません。ですからよく「いわゆる健康食品」といわれています。

また健康食品・サプリは医薬品とちがって、**有効性と安全性の科学的な根拠がなくても販売できてしまいます**。そのうえ、品質の均一性、再現性、客観性、純度が保証されていません。

● 数多くの健康障害の報告がある

「健康食品・サプリは薬ではなく食品だから安全」というイメージがありませんか？

ところが実際には数多くの健康障害の報告があります。一般に安全とされているサプリであっても、適切な摂取量が守られていなければ健康障害をひきおこす可能性があります。

国民生活センターの苦情相談件数では毎年、化粧品やエステと並び、健康食品に関するものが上位をしめています。もっとも多く報告される健康被害は、肝機能障害です。

● **活性酸素と抗酸化物質**

　最近「抗酸化物質」が注目されるようになりました。もともと私たちの体内では、酸素を取り入れると**「活性酸素」**[*1]がつくられます。これは普通の酸素よりも酸化する力が強いもので、その強い酸化力から「細胞膜の脂質を変質させたり、DNAを傷つけたりすることで病気や老化の重大な原因になる」と考えられるようになりました。

　そこで、抗酸化物質をたくさんとれば、若返ったり、老化を遅らせたり、病気を予防したりしてくれるはずだと期待されるようになったのです。「抗酸化」とは、活性酸素をなくすはたらきで、そのようなはたらきをする物質を抗酸化物質といいます。

　よく「お茶が体にいい」といわれますね。それは、お茶の中のカテキンというポリフェノールが抗酸化物質であることが大きな理由です。ポリフェノール以外にも、ベータカロテン、ビタミンCやビタミンEなどが抗酸化物質の代表例です。

● **抗酸化物質「ベータカロテン」の驚きの実験結果**

　ベータカロテンはニンジンやカボチャなど緑黄色野菜にふくまれる抗酸化物質で、体内で必要に応じてビタミンAになります。

　こうした抗酸化物質は、実際にどこまで効果があるのでしょう

---

*1　活性酸素は、酸素が化学的に活性になった、不安定な物質の一群のことをいいます。一般に強い酸化力をもっています。代表的なものに、スーパーオキシドラジカルやヒドロキシラジカル、過酸化水素、一重項酸素があります。

か。「血液中のベータカロテンやビタミンEの濃度が高い人はがんになりにくい」という研究結果が出て、2つの大規模な臨床試験がおこなわれました。

1つはフィンランドの研究です。肺がんリスクの高い3万人を無作為に4つのグループに分けました。うち3つのグループにはそれぞれ「ベータカロテン」「ビタミンE」「ベータカロテンとビタミンEの両方」を与え、残り1つにはビタミンEもベータカロテンもふくまれないプラセボを与えました。

その結果は、研究に参加した研究者らにとって予想外のものでした。**体にいいものをとり続けたはずのグループのほうがプラセボを与えたグループより肺がんを発症した人が多かった**うえ、肺がんと心臓病による合計死者数も多かったのです。

もう1つのほうはもっと悲惨な結果でした。肺がんリスクの高い1万8000人を2つのグループに分けて、1つにはベータカロテンとビタミンAを与え、残り半分にはプラセボを与えました。

平均6年間続けるはずだったのですが、予定より早く打ち切ることになりました。なぜなら**抗酸化サプリを飲んだグループのほうがプラセボを飲んだグループより肺がんで死亡するリスクが46％高く、そのほかの要因で亡くなるリスクも17％高い**ことがわかったからです。

● ベータカロテンの教訓

　数多くの研究結果から「ベータカロテンは絶対に人に効果があるはずだ」と予想され、大規模な臨床試験がおこなわれました。それがこのような予想外の結果になったことは驚きです。
　したがって他の健康食品・サプリについても、同じような大規模臨床試験をおこなったら、どんな結果になるやらわかりません。

　食品と健康との関係にはまだまだわからないことがたくさんあります。ネズミを使って動物実験がされていても、人間でどうなのかは、実際に人間で確かめてみないと本当のところはわからないのです。
　野菜や果物にはたしかにがん予防に効能がある成分がふくまれている可能性はあります。しかし、それが何なのか、また単一成分なのか複合的な成分なのかなど、わからないことは多いのです。
　とりあえずベータカロテンの教訓としては、野菜や果物からとるよりも、**何らかの単一成分を抽出してサプリメントのかたちで多量摂取すると危険性がある**ということでしょう。
　ですから、結局は、バランスのいい食事をとることこそが最大のがん予防なのかもしれません。また、いま一度冷静に「そんな1つや2つのもので魔法のように健康になれるものがあるのか」と考えてみることも大切です。
　まずは何よりも、「毎日のバランスのとれた食生活、適度な運動、適度にストレスを発散できる趣味などの活動」を見直すことが一番です。

02 「化学調味料は体によくない」はウソ？

「基本味」には、甘い・苦い・すっぱい・しょっぱいという4つがありますが、今では5番目の「うま味」が加わっています。以前は「化学調味料」ともよばれていました。

●5番目の基本味「うま味」とは？

最近では味覚の研究が進み、甘い・苦い・すっぱい・しょっぱいといった4つの基本味だけでは説明することができなくなりました。「うま味」が独立した基本味であることが立証されたからです。

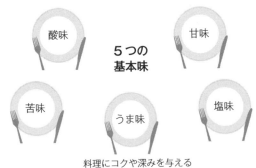

料理にコクや深みを与える

うま味は日本が発祥で、明治41年（1908）に池田菊苗[*1]がコンブのうま味成分がグルタミン酸塩であることを発見したことが始まりです。いまではUmamiとして国際共通語にもなってい

[*1] 池田菊苗は日本の化学者で、「日本の十大発明」のひとつといわれるうま味成分を発見しました。事業経営を任せた鈴木三郎助（当時の鈴木製薬所代表）によって製造販売された『味の素』によって、会社は大きく発展しました。

ます。

現在市販されているうまみ調味料には、**グルタミン酸ナトリウム**と、**イノシン酸ナトリウム**（カツオ節のうま味成分）、または**グアニル酸ナトリウム**（シイタケのうま味成分）がふくまれています。

グルタミン酸ナトリウムは「アミノ酸系うまみ物質」、イノシン酸ナトリウム・グアニル酸ナトリウムは「核酸系うまみ物質」です。

「アミノ酸系」と「核酸系」を混ぜて使う理由は、合わせることでそれぞれを単独で味わったときよりも一層おいしく感じる「相乗効果」が確認されているからです。

● **人工物ではなく発酵法でつくっている**

こうしたうま味の成分は、かつては**「化学調味料」**といわれました。

これはNHKのテレビ番組でグルタミン酸塩を扱ったときに、**商品名が出せないために使われた言葉**です。

しかし、化学調味料という言葉は人工的なイメージを与えるので、現在では「うま味調味料」という言葉が使われています。

うま味調味料は、化学合成ではなく、発酵法でつくられます。

主にサトウキビからの糖蜜を原料に微生物でアミノ酸に変えたり、酵母の核酸を用いて量産しています。

つまり、**味噌やしょう油などの発酵食品と同じように、天然素材で微生物の力を借りてつくっており、人工物ではない**ということです。

うまみ調味料の製造方法

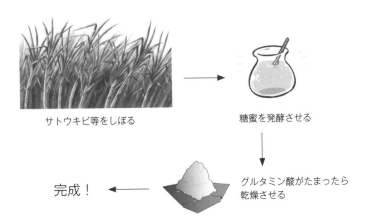

サトウキビ等をしぼる

糖蜜を発酵させる

グルタミン酸がたまったら乾燥させる

完成！

● **風評には根拠なし**

うま味調味料に関して世間の風評としては、1950年代には「とると頭がよくなる」といわれ、その後60年代末から一転して「体によくない」といわれるようになりました。

「頭がよくなる」といわれた根拠は、グルタミン酸が脳内神経伝達物質であり、脳内にたくさん存在することが確認されたためといわれています。そのため、とくに幼児の脳に影響を与えると考えられたのです。

一方、「体によくない」とされた理由は、グルタミン酸ナトリウムがふくまれた食事をとった後に、一過性の頭痛や胸焼け、手足のしびれ、だるさなどが生じるとして騒がれたことです。[*2]

[*2] アメリカの中華料理店で、グルタミン酸ナトリウムを大量に添加したワンタンスープを摂取した後にこの症状がおこったことから、「中華料理店症候群」と名づけられました。

しかしいずれについても科学的には根拠がないことが確認され、いまでは明確に否定されています。

● うま味調味料の上手な活用法

うま味調味料は、**少量で味わいが増し、食塩の摂取量をおさえることができる**という利点があります。

うま味成分はコンブやカツオ節などにふくまれているものとまったく同じですから、「毒性」を気にすることもありません。

ただ何にでも使うとその味に慣れてしまい、食べ物本来の深い味わいから遠ざかってしまう可能性があることは問題かもしれません。

おいしさを引き立てる活用法

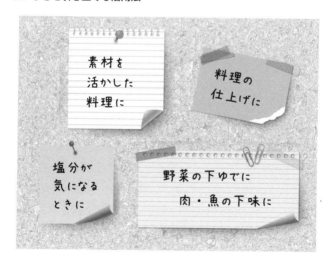

03 「アルカリ性食品は体にいい」はウソ？

「アルカリ性食品は体にいい（酸性食品は体に悪い）」といった話を聞いたことはないでしょうか。アルカリ性か、もしくは酸性かで、体にいい・悪いといったことがあるのでしょうか。

● **酸性とアルカリ性**

食酢や塩酸はすっぱい味をもちます。青色リトマスを赤色に変え、亜鉛や鉄などの金属を加えると、金属を溶かし水素ガスを発生させます。このような性質を**酸性**といいます。

一方で水酸化ナトリウム水溶液のように、「酸と反応して酸性を失わせる」「赤色リトマス紙を青色に変える」ような性質を**アルカリ性**といい、溶けている物質をアルカリといいます。

酸： 塩酸、硫酸、酢酸、クエン酸など
アルカリ： 水酸化ナトリウム、水酸化カリウム、水酸化カルシウムなど

酸とアルカリを一緒にすると**中和**という化学変化がおこります。酸性やアルカリ性が弱まったり、なくなったりします。たとえば、塩酸と水酸化ナトリウム水溶液を混ぜてちょうど中和すると、塩化ナトリウム水溶液ができます。

酸性・アルカリ性の程度を示すものさしとして**pH**（ピーエイチ）が用いられます。[1]

---

[1] pHは溶液の液性を表す物理量で、水素イオンの活量によって定義されます。「水素イオン濃度指数」や「水素指数」ともよばれます。読み方はドイツ語で「ペーハー」。

水溶液は、pHが7のときが中性で、7より小さいときは酸性、7より大きいときはアルカリ性です。

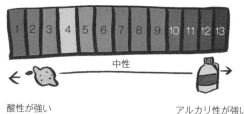

● **梅干しやレモンが「アルカリ性食品」なのはなぜ？**

梅干しやレモンはすっぱいのに「アルカリ性食品」といわれます。梅干しもレモンも、実際にリトマス試験紙などで酸性、アルカリ性を調べるとはっきりと酸性[*2]です。ですから、アルカリ性食品は、そのものがアルカリ性だからというわけではないのです。実は、食品を燃やしてその燃えかすの灰汁（水溶液）がアルカリ性ならアルカリ性食品、酸性なら酸性食品なのです。

梅干しやレモンがすっぱいのはクエン酸という有機酸のせいですが、クエン酸は、炭素・水素・酸素からできているので、燃やすと二酸化炭素と水になってしまいます。成分としてカリウムをたくさんふくんでいると炭酸カリウムという水に溶けてアルカリ性を示す物質を生じます。だからアルカリ性食品なのです。

ほかに、野菜やくだもの、大豆、牛乳などもアルカリ性食品です。これらにはカリウムのほかにカルシウムやマグネシウムなど

*2　レモンはおよそpH2です。

が多くふくまれていて、灰汁がアルカリ性を示します。

　一方で、硫黄やリンを多くふくむ米や小麦などの穀類や肉、魚、卵などは、酸性食品になります。硫黄やリンは、燃やせば、二酸化硫黄（水に溶かすと亜硫酸）や十酸化四リン（水に溶かすとリン酸）になるからです。

酸性食品	アルカリ性食品
食品を燃やした燃えかすの灰汁（水溶液） →　酸性	食品を燃やした燃えかすの灰汁（水溶液） →　アルカリ性
肉・魚・卵	野菜・くだもの
米・小麦	大豆・牛乳
砂糖・酢	レモン・梅干し

● 「アルカリ性食品は体にいい」はウソ！

　このように酸性食品、アルカリ性食品に分けることは、古い栄養学でおこなわれていました。

　食品で体内が酸性やアルカリ性になると考え、酸性に傾くと体によくないとしたからです。

　そのときの前提は、「体内でも、燃焼と同じような反応がおこっている」ことでした。現在では、体の中でおこっている反応がいろいろわかってきて、**「食品の燃えかす次第で、体が酸性になったり、アルカリ性になったりすることはない」**ということがはっきりしています。

もともと体の中では、血液が中性に近い大変弱いアルカリ性に保たれています。つまり、常に血液が弱アルカリ性になるようさまざまな調節がおこなわれていることになります。

そのため、もしも酸性食品に分類された食品だけをとり続けても体内は酸性になりません。したがって**「体が酸性側に傾くのを防ぐのでアルカリ性食品や飲料は体によい」**という考えはまちがいなのです。

もっとも、血液が酸性のほうに傾くこともあります。それは、食品のせいではなく、肺や腎臓などの病気の結果なるものです。血液が酸性になると長く生きるのは難しいとされています。

血液のpHが6.8〜7.6の範囲を出ると、つまり酸性に傾きすぎてもアルカリ性に傾きすぎても、生きることが難しくなるわけです。

血液のpH

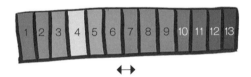

普通血液はpH6.8〜7.6に保たれていてほぼ中性から大変弱いアルカリ性です

いずれにせよ、「アルカリは健康によい」というイメージをもっている人は少なくないようですが、そうした心理を利用して、食品や飲料に「アルカリ性」をうたい「体にいい」といっている場合もあるので注意が必要です。

04 コーヒーに角砂糖2個でどのくらい肥る？

> コーヒーを飲むときに「砂糖は、肥るからブラックで」と注文する人がいます。ところで角砂糖2個を余分にとることで、実際に何キログラム肥るのでしょうか。

● 角砂糖はどんなもの？

砂糖はダイエットの敵と思われていますが、本当でしょうか。

砂糖とは、トウキビ又はてん菜（砂糖大根・ビート）が原料で、それらが上白糖[*1]や三温糖[*2]、グラニュー糖[*3]などいろいろなタイプの砂糖になります。

砂糖の結晶はもともと氷と同じように無色透明で白色ではありません。砕いた氷や雪と同じように、結晶の粒が小さくなると光の乱反射によって白く見えるのです。

角砂糖はグラニュー糖を固めてつくったもので、1個の重さは3～4グラムです。もっともポピュラーなものは立方体のサイコロの形をしています。スティックシュガーはその多くが6グラムで、ちょうど角砂糖2個分になります。

 ＝

角砂糖2個　　　　　スティックシュガー1本（6グラム）

[*1] 日本で一番使用量が多い甘味料。水分と転化糖をふくみ甘味が強くコクがあります。
[*2] 上白糖とグラニュー糖を分離させ、カラメル色素をつけた日本特有の砂糖です。
[*3] 世界でもっとも使用量の多い砂糖。カロリーが糖類の中でもっとも高い。溶けやすくクセがないため、コーヒーや紅茶の甘味料で使われることが多いです。

第 I 章 『食品・健康』にあふれる科学

● 砂糖が全部、お肉（体脂肪）になるの？

砂糖をはじめとする糖質を摂取するとすぐに消化吸収が始まり、血液を通じて体全体に運ばれます。

糖質は体の筋肉の細胞や肝臓の中に蓄えられ、もし糖の摂取が不足したとしてもすぐにエネルギーとして消費できるよう準備されます。なかでも糖質を唯一のエネルギー源として必要とするのが「脳」です。

ある医療ドラマ[*4]で術後にガムシロップ[*5]を一気飲みする姿が描かれていますが、あれは血中の血糖値を一気に跳ね上げて脳にエネルギーを補給しているのです。

ただし、エネルギーとして使われなかった糖は体脂肪となって蓄えられ、糖尿病のリスクにもなります。

● 角砂糖2個のカロリーはどれくらい？

さて、角砂糖1個のカロリーはいったいどれくらいでしょうか。

砂糖はショ糖という物質からできていて、ショ糖はブドウ糖（グルコース）と果糖（フラクトース）の二糖類からなります。

ですから砂糖を摂取すると、ブドウ糖と果糖に消化・吸収され、肝臓を経て血液に入ります。

果糖も肝臓を出るときにはブドウ糖に変わっていますので、砂糖はすべて血液中でブドウ糖になっていることになります。

血液中のブドウ糖は「血糖」とよばれ、体内の各細胞に運ばれて利用されます。

[*4] 2012年から放送されている『Doctor-X 外科医・大門未知子』（テレビ朝日系）です。
[*5] 市販されているガムシロップは実際は「シュガーシロップ」といって砂糖と水を煮ているものです。本来のガムシロップは化学的につくられたブドウ糖果糖液でできています。

027

ちなみに、ご飯やパンのデンプンもブドウ糖が多数結びついたものです。摂取すると、ブドウ糖として消化・吸収され、肝臓を経て血液中に入れば同じく血糖になります。

血糖になってしまえば、それが砂糖由来なのかご飯やパン由来なのかもう見分けはつきません。

摂取して発生するカロリーも炭水化物は1グラム4キロカロリーで、デンプンも砂糖も同じです。

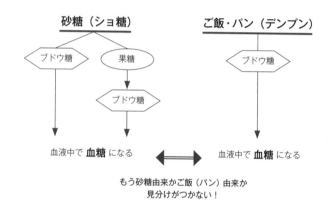

角砂糖のカロリーは、角砂糖の1個の重さを3グラムとすれば、3グラム×4キロカロリーで12キロカロリーです。

コーヒーを飲むとき、角砂糖を2個入れるとすれば、ブラックで飲むときに比べて2個×12キロカロリーで24キロカロリー余分なカロリーを摂取することになります。

1日2杯なら約50キロカロリー、そのペースで1カ月飲めば1500キロカロリーです（50キロカロリー×30日）。

● 加糖より気にするべきこと

毎日角砂糖を2個ずつ摂取して、その全部が中性脂肪として体にたまったとしたら、1カ月で100.2グラム、つまり0.1キログラムの体重増になります。日に2杯飲むとしたら、**1カ月で0.2キログラム**です。

一方で、サラダにマヨネーズをかけて食べるとどうなるか考えてみましょう。

標準的にかける分量は、サラダ1杯につき15グラムですが、これで105キロカロリーになります。30日で3150キロカロリー、2日に1回のペースでも **1500キロカロリー** になります。

つまり**角砂糖2個入りのコーヒーを毎日2杯飲むのと、2日に1回標準的な分量のマヨネーズを摂取するのとで、同じカロリーになる**ということです。

もしダイエット効果を気にするならコーヒーや紅茶を砂糖抜きで飲むよりも、カロリーの高い食品に注意したほうがよさそうですね。

1カ月のカロリー摂取量はほぼ同じ

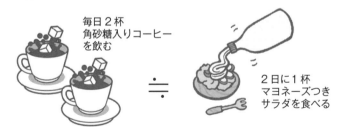

毎日2杯 角砂糖入りコーヒーを飲む ≒ 2日に1杯 マヨネーズつきサラダを食べる

角砂糖2個＝24キロカロリー
→ 1日2杯飲んだら48キロカロリー
→ 30日で約1500キロカロリー

サラダ1杯につき15グラム
→ 1杯で105キロカロリー
→ 2日に1杯で約1500キロカロリー

05 コーラを飲むと骨が溶けるって本当?

かつてコーラに抜歯した歯や魚の骨などを入れる実験がおこなわれ、実際に歯や骨は溶けてやわらかくなりました。よく「炭酸は骨を溶かす」といわれますが本当なのでしょうか。

● **骨がやわらかくなる理由**

歯や骨の成分は、リン酸カルシウムとよばれる化合物です(正確には、生体アパタイトからできています)。

歯や骨は、酸のはたらきで溶けてカルシウムなどミネラルが抜ける「脱灰現象」をおこします。それでやわらかくなるのです。

ミネラルが抜ける脱灰現象

といっても、二酸化炭素が水に溶けてできる炭酸はあまりにも酸としては弱いので、そのはたらきで漬けておいた骨がやわらかくなるのではありません。

コーラなどの清涼飲料水には炭酸よりずっと強い酸がふくまれ

ており、それが骨をやわらかくします。それは、清涼剤として添加されている酸味料の**リン酸**や**クエン酸**、**リンゴ酸**などです(コーラにはリン酸がふくまれています)。

したがって、こうした酸味料を多くふくんでいる清涼飲料は、酸のはたらきで脱灰現象がおきるというわけです。

主な酸味料

リン酸	渋みをもつ酸味が特徴。添加物として多くの食品にふくまれる。
クエン酸	かんきつ類の酸味の主成分。糖蜜やデンプンが原料。
リンゴ酸	りんごなどの果実類に広くふくまれている。
乳酸	コクとわずかな渋みが特徴。乳酸菌による発酵で生成。
酢酸	ツンとくる酸味と刺激臭が特徴。食酢の主成分。

すっぱい清涼飲料のほうが酸味料がたくさんふくまれていて、酸のはたらきも強いです。たとえば「〇〇レモン」といった名前の商品がありますが、こうした商品には多くのクエン酸がふくまれ、コーラよりもはるかに脱灰現象をひきおこします。

● **体内で骨を溶かすことはない**

清涼飲料を飲むと、歯には直接あたりますね。そのため「歯が溶ける」可能性はあります。

しかし、口の中には**だ液**があります。だ液は酸を弱めるため、だ液を出すようにすれば、ほとんど心配はありません。

また、胃に入った酸味料は体内の骨に直接あたることはありませんので、こちらも心配ないでしょう。
　そもそも酸を気にするなら、忘れてはいけないのが**胃液**です。
　胃液には塩酸がふくまれていて強い酸性です。
　胃液は1日に1〜2リットルも分泌されているため、もし清涼飲料の酸味料で体内の骨が溶けるなら、その前に胃液の塩酸で骨が溶けているでしょう。

● リンの過剰摂取による影響

　酸のはたらきではなく、**リン**を過剰摂取することの悪影響がいわれることもあります。
　リンは血液中のカルシウムイオンと結びついてリン酸カルシウムとして排泄(せつ)されますが、そのときに骨からカルシウムイオンが溶け出すとの考えがあるのです。しかし、リンはそもそも体内のすべての組織、細胞にふくまれています。
　また、清涼飲料などの添加物としてとらなくても、あらゆる食品にふくまれており、普通に食べている食品から大部分をとっています。**清涼飲料や加工食品の添加物としてのリンをすべて排除しても、リンの摂取量は5％程度しか減りません**。
　ただし、清涼飲料や加工食品ばかり食べていれば、リンの過剰摂取による問題がおこるかもしれません。しかし、これもリンや清涼飲料の害というより、ゆがんだ食生活の害ということでしょう。

● 炭酸飲料の歴史

ところで、炭酸飲料はどのように誕生し広まっていったのでしょうか。

近代化の過程で上水道が完備してくると、その水道水がカビくさいなど問題が生じてきたため、飲み水として湧き水が売られるようになりました。こうした湧き水としてヨーロッパでもっとも古くから知られているのは**ビルモント水**です。

ドイツのビルモントという町の近くで得られる水で、炭酸塩が多くふくまれているため味がよく、水にふくまれる炭酸がガス状になるときさわやかな気分になることから、ビールのびん詰め技術が確立してからはドイツからヨーロッパの各地に輸出されていました。

ただビルモント水が高価であったこともあり、人工ビルモント水が開発され、水に二酸化炭素を溶かしこんだ炭酸水が販売されるようになりました。

その後、炭酸ナトリウムを溶かした水にクエン酸や酢酸を加えて炭酸水をつくるようになりました。炭酸ナトリムにクエン酸などの酸を加えると、二酸化炭素を発生します。炭酸ナトリウムの通称はソーダですので、この水は**ソーダ水**とよばれるようになりました。18世紀の後半には、果汁や甘味を加えて現在の炭酸飲料の原型ができあがったのです。[1]

---

[1] コカ・コーラは、最初は炭酸飲料ではなく、1885年にコカインとコーラとワインの薬用酒として売り出されました。ところがじきに禁酒運動が盛んになり、1886年、ワインに替えて炭酸飲料にしたコカ・コーラが発売されました。コカイン中毒の問題があり、1903年にはコカインが除かれて今にいたっています。

06 しょう油を飲みすぎると死ぬって本当?

薬物、毒物、毒素により好ましくない反応がおこることを中毒といいます。しょう油はもちろん、水でさえも短期に多量にとると中毒がおこります。

● 戦時中に徴兵を避けるため多量に飲んだ?

かつて日本に徴兵制があったとき、男性は20歳になると身体検査をメインとする徴兵検査がありました。

その際、徴兵されにくくするために、検査の前にしょう油を大量に飲んだ人がいたといわれています。しょう油を大量に飲むと顔色が青くなり、心臓の鼓動が激しくなるため、心臓病としてランクづけされたということです。しかし、しょう油を大量に飲んだことで簡単には治らない病気になってしまったり、死んでしまう場合もあったようです。

● しょう油の大量摂取で食塩中毒

しょう油の大量摂取で問題になるのは、食塩(主成分は塩化ナトリウム)です。

一般のしょう油は、塩分濃度が約16%です。しょう油100ミリリットルをとると、その中の食塩は、18gになります。

食塩の急性毒性半数致死量(LD_{50})[*1]は、体重1kgあたり3〜3.5gとされています。[*2]

[*1] 物質の急性毒性のものさしで、投与した動物の半数が死亡する用量のことをいいます。「LD_{50}」とは、「Lethal Dose, 50%」の略です。
[*2] 文献によっては「0.75〜5g」や「0.5〜5g」などと記載され明確には定まっていません。

体重60kgの人で考えると、180gで半数が死ぬことになります。これはしょう油1リットルにあたります。ただし実際は半数致死量に幅がありますし、体調のちがいもありますから、もっと少量でも危険です。

食塩中毒は、胃洗浄を高濃度食塩水でおこなった場合や、嘔吐をさせるために食塩水を多量に飲ませた場合など、医療現場での症例があります。各臓器のうっ血、くも膜下や脳内の出血等が確認されています。

体重60kgの人がしょう油1リットル（食塩180g）を飲むと半数の人が死ぬおそれがある

● **水の飲みすぎも危険**

健康な成人の体は**約60%**が水でできています。そのうちの**20%が失われると死にいたる**といわれています。

宗教の修行などで断食をする場合でも、食べ物はとらなくても水は飲みます。なにも食べなくても水さえ飲んでいれば2～3週間は生きることができるというデータもあります。それだけ水は生命にとって重要なものだということができるでしょう。

とはいえ、水も飲みすぎれば有害であり、ときには死にいたります。実際、2007年1月にアメリカで「水の大飲み大会」に出場して、トイレに行かずに7.6リットルの水を飲み干した28歳女性が、翌日に自宅で死亡したという事例があります。水を急激に大量に摂取すると、体液のナトリウムイオンなど電解質の濃度が低下して水中毒になるのです。[*3]

安全に思える水でさえ、とり方によっては中毒になるのです。

● 乳幼児の事故に注意

よくおこる中毒事故とその対処法についてまとめた『イザというときに役に立つ！中毒対処マニュアル』（日本中毒情報センター編）が発行されています。ポイントを見てみましょう。

・高齢者と生活している人が気をつけたいこと

高齢者の場合には、「うっかり事故」と「痴呆老人の事故」があります。老人の中毒事故を防ぐには、中毒の原因になるものをしっかり管理する以外に方法はありません。家庭用品、医薬品、その他、中毒をひきおこす原因となるものの取り扱いと管理は、家族全員でおこなうくらいの配慮が必要です。

・子どもの中毒はこうしておきる

センターによせられる一般の人たちの相談で圧倒的に多いのが、5歳未満の乳幼児の事故です。相談件数の大部分をしめるといいます。

[*3] また、市民マラソンなどで水をとりすぎると水中毒で死んだり、障害をおこすことがあります。デトックスと称して多量の水を飲んで水中毒になった人もいます。

家庭内にあふれている化学製品を誤って食べたり飲んだりしてしまうのです。しかも、何をどのくらい口に入れたかがわからない、あるいは症状が出てから気がついた、という例があるので、日ごろから管理をしっかりすることです。

一般的には、口にしたものを早く吐かせるのがよい、とされています。

ただし吐かせてはいけない場合もあります。「意識がない、あるいはもうろうとしている」「けいれんしている」「灯油など石油製品を飲んだ」「強い酸やアルカリ性のものを飲んだ」といった場合です。

● **中毒事故にあったらどうする？**

日本中毒情報センターのWEBサイトに、「中毒110番・電話サービス」の案内があります。[*4]

「中毒110番」は化学物質（たばこや家庭用品など）、医薬品、動植物の毒などによっておこる急性中毒について、実際に事故が発生している場合に限定し情報提供しています。万が一の際には連絡してみましょう。

- 大阪中毒110番 (365日24時間対応)　　　072-727-2499
- つくば中毒110番 (365日9〜21時対応)　　029-852-9999
- たばこ誤飲事故専用電話 (365日24時間対応)　072-726-9922

※いずれも一般専用ダイヤル、情報提供料は無料

---

*4　公益財団法人 日本中毒情報センター　http://www.j-poison-ic.or.jp/homepage.nsf

07 ダイエットをすると寿命が短くなる？

今まさにダイエット中だったり、ダイエットに挑戦してはリバウンドをくり返している人もいるかもしれませんね。ところで本当にダイエットが必要なのか、考えてみましょう。

● **あなたは、やせ、普通、太り気味、肥満のどれ？**

BMI（体格指数）は、下記の式で求めることができます。これは、体格のものさしです。

BMI（体格指数）＝
体重（キログラム）÷［身長（メートル）×身長（メートル）］

※ BMIは日本語で「ボディマス指数」で、Body Mass Index の略

BMIで、やせ、普通、太り気味、肥満を、次のように分けます。あなたはどれになりますか？　電卓をたたいて計算してみましょう。

やせ	18.5未満
普通	18.5以上25.0未満
太り気味	25.0以上30.0未満
肥満	30.0以上

● もっとも長生きなのは太り気味

2009年に発表された厚生労働省の研究班（研究代表・辻一郎東北大学教授）の調査結果を見てみましょう。宮城県の40歳以上の住民、約5万人の健康状態を12年間にわたって追跡調査したものです。その結果、**もっとも長生きなのは【太り気味】**になりました。【普通】と比べると、女性はあまり変わりませんが、男性は【太り気味】のほうが約2歳長生きです。【肥満】であっても、【普通】と思ったほど変わりません。

問題は、【やせ】です。**【やせ】は、もっとも短命で、【普通】と比べて男性で約5年（【太り気味】よりも約7年）、女性で約6年も短命**になりました。

このような結果は、日本人を対象にした他の研究でも同様です。この結果から見ると、**BMIが30近くであっても、日常生活で何の困難もなく動ける程度で、血圧や血糖値などの検査データに異常がない限り、無理してやせなくてもいい**といえるでしょう。

ただし肥満で動くのがしんどくなっているときはそれがストレスになり、心臓に負担をかけ、膝などの故障もおこしやすくなりますので、そのときにダイエットを考えたらいかがでしょうか。

● 消費カロリー＞摂取カロリー が大原則

もしダイエットを考えるときには、「ダイエットしなくてもやせられる」とか「寝ている間にやせる」とかの宣伝文句があるサプリメントは疑いましょう。

かりにこうしたサプリメントを摂取していても、そもそも**摂取**

**するカロリーが消費するカロリーより少なくなければやせること
ができません。**

　ダイエットでは、細胞でのエネルギー発生を脂肪を使っておこない、脂肪細胞を小さくしてやせないといけません。そのためには食事のバランスに注意しながら、摂取エネルギーを減らすことがポイントです。

　ダイエットは、摂取エネルギーよりも消費エネルギーを増やす以外にないのです。

● 「干からびダイエット」にご注意

　大量の汗をかいて体重を落とすというダイエット法があります。たとえば、サウナでたくさん汗をかけば、かいた汗の分だけ体重が減ります。ウインドブレーカーのようなサウナスーツを着てジョギングしたり、やせたい部分にラップを巻いたりパラフィンをパックしたりして汗を出すダイエット法もあります。こうしたやり方をすれば、たしかに短期に体重が減るでしょう。

　水は成人の**体重の６割**をしめています。ですから、体重50キログラムの人で30キログラムは水です。よって体の水を出し入れすれば簡単に体重は変動します。体内の水の出入りによる体重の変化は非常に大きいのです。[*1]

　しかし、単に、汗をかいて水分を失うことで体重が減っても、それは一時的なもので、水分を補給すれば元に戻ります。適正に水を摂取しないと健康に悪いだけです。**汗をかくことで体重を落とす方法は、単に干からびた体にしているだけ**なのです。

---

*1　水を1リットル飲めば体重は1キログラム増加します。

● ダイエットでリバウンドするのは当たり前

ダイエットをして摂取カロリーを減らすことは、体にとっては赤信号です。まず基礎代謝が下がってカロリー消費を節約するようになります。さらに、カロリーを無駄にしないように、とった食べ物のカロリーを最後の最後まで活用します。そして、元の体重に戻ろうとして食欲を増す方向へとはたらきます。

だからリバウンドするのが当たり前なのです。

こうなると、飢餓状態に備えた体になっています。基礎代謝が下がり、少しの栄養でもやっていける体になり、それを超える栄養は、次にくるだろう「飢え」に備えて脂肪として蓄えられるのです。

ドイツの栄養学者ニコライ・ヴォルムは、1998 年までに実施された各種の研究の結果を詳細に分析した結果、**「減量は絶対に体にいいことが（つまり死亡率が低下することが）、病気との関連で証明されたことは今までに一度もない」**と結論づけています。それどころか減量後に糖尿病にかかる確率が高くなったり、心筋梗塞や脳卒中になる率が高くなったという結果があります。

わが国でも、2009 年に発表された厚生労働省研究班[*2]の大規模調査で、やせると肥満より危険ということがわっています。**成人後に 5 キログラム以上体重が減った中高年は男女とも、死亡する危険が 1.3 〜 1.4 倍高い**ことがわかりました。体重が増えても死亡率増加との関係は認められませんでした。

健康にいいと思っておこなったダイエットが逆に健康に悪影響を与えることもあることを知っておきましょう。

---

*2　主任研究者は、津金昌一郎・国立がんセンター予防研究部長。

08 「サプリを飲むだけでやせる」には カラクリがある?

テレビ番組やCMで、モニターの人が「サプリを飲んだだけでダイエットに成功した」などといっている場面を見かけます。実際にそんなことがあるのでしょうか。

● **健康食品・サプリは「効く」といえない**

ダイエット用に多くのサプリが市販されていますね。あたかもそれを摂取するだけで体重が減るかのようなイメージで宣伝されているものも少なくありません。

見た目は医薬品のような形状をしたサプリであっても、**サプリはあくまで食品の仲間**です。医薬品は厳しく「効くかどうか、副作用にはどんなものがあるか」などが調べられていますが、食品は、食べたり飲んだりして問題がなさそうなら販売することができます。

したがって健康食品やサプリは、医薬品とちがって広告やテレビCMで「効く」とうたうことはできません。**特定保健用食品(トクホ)であっても、食生活の改善に役立つというレベルでの効果しかうたえません。**

健康食品・サプリの広告で、効能効果を表示すれば薬機法[*1]違反、サプリを摂取するだけでやせると宣伝した場合は景品表示法に問われます。それでも、業者はなんとか効能をアピールしたいので、各社とも法に引っかからないように、巧妙に「効く」イ

[*1] 「医薬品、医療機器等の品質、有効性及び安全性の確保等に関する法律」(医薬品医療機器等法)の略称。医薬品・医薬部外品・化粧品・医療機器・再生医療等製品の品質・有効性・安全性を確保するために必要な規制や指定薬物の取り扱いなどについて定めた法律です。

メージを演出しています。

たとえば、テレビではサプリを飲むだけでダイエットができると視聴者に思いこませるさまざまな工夫がされています。そして、小さく「個人の感想です」といった表示が出されています。

● **そもそもダイエットとは**

ダイエットは、摂取エネルギーよりも消費エネルギーを増やす以外にありません。「サプリをとるだけで他は何もしないでダイエットできる」ことなどありえないのです。

ですからとくに疑うべき商品は「ダイエットしなくてもやせられる」とか「寝ている間にやせる」とかの宣伝文句があるものです。

● **テレビ番組のダイエット法成功のウラ**

それでもテレビでは、モニターたちがサプリなどを摂取するダイエット法で体重が減った人がたびたび登場します。どんなカラクリがあるのでしょうか。

実はどのようなダイエット法であっても体重が減る可能性があります。

たとえば「朝バナナダイエット」というものがありますね。その関係の本をよく読んでみると、夕食は21時以後に食べないことなど、バナナとはまったく関係ない一般的なダイエット法を事細かに指導しています。それを守ればバナナなど必要ないと思えるほどです。

テレビのダイエット実験にはもうひとつトリックがあります。

当たり前のことですが、ダイエット実験では毎日体重を測定します。この**体重を毎日測ること**がみそです。この手法は医療機関の肥満治療でもしばしば用いられます。

　やり方はこうです。毎日2回〜4回体重を測定し、グラフに書きこみます。これと食事記録を組み合わせるとより効果的です。ダイエット法に特別な効果がなくても、なんとこれだけでやせる場合があります。というのも、毎日体重を測定してもらうと、どのようなときに体重が増えてしまうのか、何をしたときに体重が減ったのかを考えるようになります。そのことを通じて、自ら肥満をひきおこす生活習慣を見直し、修正していくのです。そのため、結果として体重が減っていくというわけです。

　これを**行動修正療法**といいます。肥満になった生活習慣上の問題点を明らかにして、それらの問題点を少しずつ修正していって、太りにくい生活習慣にしていくものです。長年、無意識のうちにおこなってきた生活を見直すきっかけになるため、これは取り入れてもいい方法です。

　さらに、**実験参加効果**なるものもあります。モニターたちが、期待に応えようと、サプリの摂取だけではなく、食事量を減らしたり、運動したりもしてしまうという効果です。他のモニターに負けないように、依頼主の期待に応えようと頑張ってしまうのですね。

　このように、サプリの直接の効果ではない要因で、「ダイエットに成功した」といっている場合が多々あるというわけです。

第1章 『食品・健康』にあふれる科学

09 たばこを吸うと肺がんになるって本当?

> 喫煙者「喫煙が体に悪いわけではない」という言い訳に、「喫煙しなくても肺がんになる」というものがあります。しかしこれは大きな誤解です。

● 「喫煙しなくても肺がんになる」は知識不足

成人男性の喫煙者は 2017 年には **28.2%** となり、1961 年のピーク時 83.7% から比べるとずいぶん減りました(下図参照)。これでも諸外国に比べるとまだまだ喫煙者は多い状況です。*1

一方で、肺がんによる死亡者数はじわじわと増え続けています。

性別・年代別喫煙率の推移

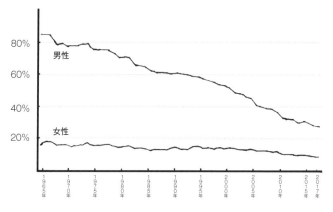

(日本専売公社、日本たばこ産業株式会社による調査より)

*1 世界保健機関(WHO)の「世界保健統計 2018」では、日本の男性喫煙率は 149 カ国中 70 位で、G7 各国の中ではフランスに次いで喫煙率が高いとされています。また、世界の喫煙者は 15 歳以上で約 11 億人、喫煙が原因で死亡する人は年 700 万人いると推計されています。

肺がん 年齢調整死亡率 年次推移（男女計, 全年齢）

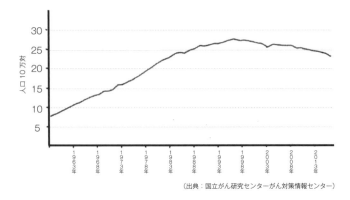

（出典：国立がん研究センターがん対策情報センター）

　たばこの煙には、実に **70種類以上** もの発がん性物質がふくまれています。これが直接、肺に触れるので、がん細胞ができやすくなります。1回の喫煙でがんにならなくても、数を重ねるごとにがんになる確率は急上昇します。

　年齢を重ねていくと、その他のさまざまな原因でもがんになりやすくなります。この影響を補正したもの（年齢調整死亡率）で肺がんによる死亡率を見ると、**1996年をピークに減少**に転じていることがわかります（上図参照）。喫煙率が減ると肺がんによる死亡が減ったといえるのです。

● がん細胞はじわじわ増える

わんぱくな子どもにすり傷、切り傷が絶えないのはいつの時代も同じですが、このような傷は「傷ができた」その瞬間にケガをした、といえます。ところが、がんはそうではありません。

がんはある日突然になるわけではなく、**がん細胞がいくつも集まってしまったときに、初めてがんになったといいます**。

実は、**がん細胞は健康な人の体の中でも毎日できています**。それでも、健康な人では、できてしまったがん細胞を100％殺しているので、がん細胞が増えることはありません。しかし、一度にたくさんのがん細胞ができてしまうと、生き残るがん細胞が出てきます。この生き残ったがん細胞がどんどんと増殖を続けた結果、がんができるのです。

しかも、がんができたとしても細胞のひとつひとつはとても小さいので、最初のうちは発見できません。

がん細胞の大きさは1個あたり約20マイクロメートルです。病院でがんと診断されるころには**2センチ程度のがん**になっており、およそ10億個のがん細胞が集まっています。これだけの数になるには、単純計算で30回程度の細胞分裂が必要です。

細胞分裂をおこすのに必要な期間（細胞周期）は細胞によってさまざまですが、仮に3カ月だとすると、発見されるまでには90カ月、つまり**2年以上かかる**ことになります。

がんが治療から5年も10年もたってから再発することがあるのは、こういった、じわじわと進行していく病気であるということが関係しているのです。

10 こげを食べるとがんになるって本当?

焼き魚や焼き肉などのこげた部分を食べるとがんになる、という話を聞いたことはありませんか。実際、「こげ」はどの程度がんに影響するのでしょうか。

● そもそも「がん」とは

がんは、身近な病気です。日本人の**2人に1人はがんになる**と考えられています。

私たちの体は細胞のひとつひとつがそれぞれ自分の役割をきちんとはたしているからこそ、健康な状態が保たれています。ところがそれまで正常に働いていた細胞が、何かのはずみで、自分の役割を忘れたかのように勝手なふるまいをし始めたとき、その細胞は「**がん化した**」といいます。がん化した細胞を**がん細胞**といいます。

さらに悪いことに、このがん細胞は、他へ転移しやすく、体のどこへでもいって増殖を始めるというやっかいな性質をもっています。がん細胞は増殖して**腫瘍**(しゅよう)というこぶ状になります。

がんの発生と進行のしくみ

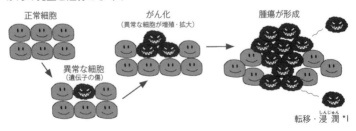

*1 「浸潤(しんじゅん)」とは、がん細胞が周囲の組織や臓器にしみ出るように広がることです。

● がんを防ぐための 12 カ条に「こげ」

こげとガンが結びついて語られるようになったのは、1978 年に国立がんセンターが発表した「がんを防ぐための 12 カ条」が広く知られるようになってからです。その中の 8 条が「こげた部分はさける」という内容だったのです。

これは、12 カ条が発表される前に、国立がんセンターでおこなわれた動物実験の結果が影響しています。

1970 年代に、がんセンターの研究者が、魚のこげがサルモネラ菌に突然変異をおこすはたらき（変異原性）があるので、発がんのおそれがあると発表したことが発端です。そこで、ハムスターを使ってこげを食べさせ続ける動物実験がおこなわれました。ところがハムスターはがんになりませんでした。そこで、こげの中で変異原性を示す物質を探したら、ヘテロサイクリックアミンという物質が見つかりました。肉や魚のこげには、ヘテロサイクリックアミンが 1 億分の 1 程度という微量ふくまれています。これを化学的に合成したものをたっぷり動物に食べさせ続けたらようやくがんになったというわけです。

● 2 万尾を 10 年間、毎日食べ続ける？

動物実験をおこなった研究者は、「実際に、焼き魚の皮や焼き肉のこげを食べて腫瘍ができるのには、サンマなら 2 万尾の焼き魚の皮を（毎日）食べ、時間にして 10 から 15 年はかかる」と述べています。理論的な可能性としてはわかりますが、まったく現実的な話ではないですね。

● **がんの予防法**

2011年に新たに公開された「がんを防ぐための新12カ条」では、「こげをさける」という項目は消えました。その後の研究成果を取り入れて大きく改訂されたからです。

ですからもう「おこげ」によるがんへの影響は気にしなくていいのです。とはいえ、大変弱い発がん性はありますから、気になる人はよくかんで食べることです。だ液には、発がん性を抑制するはたらきがあることがわかっています。

現在国立がん研究センターがん予防・検診研究センターでは、「科学的根拠に基づくがん予防法」として、次の6つを推奨しています。

科学的根拠に基づくがん予防法

【推奨1】喫煙 〜たばこは吸わない〜

たばこを吸っている人は禁煙をしましょう。吸わない人も他人のたばこの煙をできるだけ避けましょう。

【推奨2】飲酒 〜飲むなら、節度のある飲酒をする〜

飲む場合は1日当たりアルコール量に換算して約23グラム程度まで。日本酒なら1合、ビールなら大びん1本、焼酎や泡盛なら1合の3分の2、ウイスキーやブランデーならダブル1杯、ワインならボトル3分の1程度です。飲まない人、飲めない人は無理に飲まないようにしましょう。

【推奨3】食事　～偏らずバランスよくとる～

- 塩蔵食品、食塩の摂取は最小限にする。
- 野菜や果物不足にならないようにする。
- 飲食物を熱い状態でとらないようにする。

食塩は1日あたり男性9グラム、女性7.5グラム未満、とくに高塩分食品（たとえば塩辛、練りうになど）は週に1回以内に控えましょう。

【推奨4】身体活動　～日常生活を活動的に～

もしほとんど座って仕事をしている人なら、ほぼ毎日合計60分程度の歩行などの適度な身体活動に加えて、週に1回程度は活発な運動（60分程度の早歩きや30分程度のランニングなど）を加えましょう。

【推奨5】体形　～成人期での体重を適正な範囲に～

中高年期男性のＢＭＩ[*2]の適正値は21～27、中高年期女性では19～25です。この範囲内になるように体重を管理しましょう。

【推奨6】感染　～肝炎ウイルス感染検査と適切な措置を～

地域の保健所や医療機関で、一度は肝炎ウイルスの検査を受けましょう。感染している場合は専門医に相談しましょう。

---

*2　BMI（Body Mass Index、ボディマス指数）とは、身長に見合った体重かどうかを判定する体格指数で、基準は22、計算式は【体重(kg)÷身長^2(m)】です。

11 お酒を飲みすぎるとDNAを傷つける?

お酒を飲んでほろ酔い気分になったあと、酔いが抜ければもうお酒の影響は残らないと思っていませんか。実はそうではないことがわかってきています。

● **酔いのメカニズムと効能**

お酒の効能の多くはエタノールというアルコールによる影響です。

口に入れたアルコールは胃や小腸で吸収され、血液中に入っていきます。吸収されたアルコールは肝臓で分解されるのですが、すぐに分解されるわけではなく、血液中にどんどんたまっていきます。アルコールをふくんだ血液が脳に運ばれると、酔いを感じるようになります。

アルコール

口 → 胃・小腸で吸収 → 血液中へ →
脳に運ばれて酔う → 肝臓で分解 → 体外へ排出

血液中のアルコール濃度がおよそ0.05%になるまでは、陽気になったり気分が高まることで会話が弾むという効果があります。しかし、これを超えると脳が麻痺状態に入っていく悪影響が大きくなります。運動能力が低下してろれつが回らなくなったり、

まっすぐ歩けなくなるほか、記憶がなくなることもあるのはよく知られています。

血中濃度が0.3％前後になると酩酊から泥酔状態になり、0.4～0.5％ほどになると昏睡状態になります。ゆり動かしても起きなくなり、最悪は死にいたる危険な状態です。

血中アルコール濃度と飲酒量の目安

ほろ酔い	0.05～0.10％	ビール（1～2本）日本酒（1～2合）
酩酊	0.11～0.30％	ビール（3～6本）日本酒（3～6合）
泥酔	0.31～0.40％	ビール（7～10本）日本酒（7合～1升）
昏睡	0.41～0.50％	ビール（10本以上）日本酒（1升以上）

（出典：公益財団法人 アルコール健康医学協会）

● 一気飲みが危険な理由

飲んだアルコールが脳に到達するまでには**30分程度かかる**といわれています。これは、飲み薬の効き目が出る時間とほぼ同じです。飲んだものが消化、吸収されて効果を発揮するまでには30分程度はかかるということです。

それなのに、飲み始めてから酔いを感じないからといって、どんどん飲み進めると時間がたってから一気に血液中のアルコール濃度が高まります。結果として突然記憶をなくしたり、死にいたることがあるのです。一気飲みが大変危険なのはこのためです。

● **日本人の半分はお酒に弱い？**

摂取されたアルコールは体内の酵素によって**アセトアルデヒド**、そして酢酸へと変化していきます。酢酸はお酢としても使われているように、飲める分量程度では問題にはならないのですが、アセトアルデヒドに問題があります。

このアセトアルデヒドはアミノ基という構造をもつ物質とよく反応します。アミノ基をもつ物質の代表格はアミノ酸で、アミノ酸がたくさん集まっているのが**タンパク質**です。つまり体をつくっているタンパク質とよく反応してしまうということです。結果として、このアセトアルデヒドが二日酔いや悪酔いの原因となります。

この悪者「アルデヒド」を分解するのが ALDH2 という**酵素**です。この ALDH2 が欠けていると、いくら訓練してもお酒に強くなることはないといわれています。

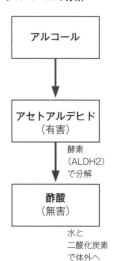

アルコールの分解

アルコール
↓
アセトアルデヒド
（有害）
↓ 酵素（ALDH2）で分解
酢酸
（無害）
↓
水と二酸化炭素で体外へ

酵素（ALDH2）の国別欠損率

日本	44%
中国	41%
韓国	28%
タイ	10%
西欧州 中東 アフリカ	0%

（出典：樋口進「アルコール臨床研究のフロントライン」）

日本人はこのALDH2のはたらきが弱い傾向があることが科学的に証明されています。昔から「日本人の約半分はお酒に弱い」といわれるのはそのためです。アルデヒドが体内に長い時間蓄積することで、不調が長く続くというわけです。

また、お酒を飲むと赤くなる人がいますが、これもアルデヒドによって影響を受けている証拠です。

● アルコールは DNA を傷つける

タンパク質だけなら比較的影響は少ないかもしれません。なぜなら私たちの体は常に代謝をおこなっていて、古くなったものは捨て、新しいものをつくり続けているので、ダメージを受けたタンパク質があったとしてもいずれ捨てられるはずだからです。

しかし、アミノ基をもつのはタンパク質だけではありません。私たちの遺伝情報を保存しているDNAにもアミノ基があります。**アセトアルデヒドはなんとDNAにまでダメージを与える**のです。DNAには修復機能があるので多少の傷であれば問題はありません。しかし、あまりに大きな傷は完全な修復ができません。一生傷ついたまま蓄積され、結果としてがんにかかる可能性が高まります。[1]

飲みすぎると危ない、ということは、飲んだそのときだけの話だけではなく、一生にかかわる話です。

ということで、お酒はほどほどに嗜みたいものですね。

---

[1] 国際がん研究機関(IARC)は、アルコール飲料は発がん性について十分な証拠があるとして、タバコやX線と同じグループに分類しています。

12 「美肌の湯」と「美人の湯」は何がちがうの?

温泉は日本を代表する入浴文化のひとつです。また近年の美容・健康ブームもあって、観光地として人気です。そんな、温泉の効果や効能にはどのようなものが期待できるのでしょうか。

● **酸性とアルカリ性**

日本各地にある温泉地ですが、その中でも「美人の湯」や「美肌の湯」をうたう温泉[*1]は女性に大人気です。実際に、それらの温泉に入浴して肌がツルツルになったと感じる人も多いのではないでしょうか。

このような効果は、温泉にふくまれるいくつかの成分によるものと考えられますが、そのひとつが泉源の液性（pH）です。環境省の鉱泉分析法指針では、pH値によって温泉を5つに分類しています。

pH値が小さいほど酸性で、中央値の7程度が中性、値が大きくなるほどアルカリ性を示します。

pH値のちがいによる肌への効果

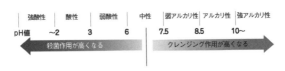

7程度が中性

[*1] 温泉は、温泉法により、25℃以上の温度または法に定める物質を有する「地中からゆう出する温水、鉱水及び水蒸気その他のガス」と定義されています。

● 美肌の湯とは？

　一般的に美肌の湯の多くは**酸性泉**です。酸性泉は**殺菌作用**があり、水虫や湿疹などをふくむ慢性皮ふ炎に効果的です。また、肌の表面にある古い角質を薄く剝離(はくり)させる**ピーリング効果**によって、肌がきれいになることが期待されます。このために、酸性を示す温泉が「美肌の湯」と称されることが多いようです。

　ただし、注意も必要です。酸性が強くなるとそれだけ刺激が強くなり、入浴時には肌がピリピリすることがあります。さらに、温泉成分が肌に残ってしまうと肌荒れをおこしてしまう可能性もあります。お風呂あがりには、シャワーで温泉成分を洗い流したほうがいいでしょう。

● 美人の湯とは？

　酸性泉の「美肌の湯」に対して、「美人の湯」とよばれる温泉の多くが**アルカリ性泉**です。

　アルカリ性泉に入浴すると、肌がスベスベして、いくらかぬめりを帯びます。アルカリ性泉によるヌルヌル感の理由は、主に温泉中にふくまれるアルカリ成分が皮ふの余分な皮脂の一部を分解するためです。同じアルカリ性である石けんと似た成分がふくまれるため、ヌルヌルした感触が得られると考えられています。

　ただし、pH値が大きい（アルカリ性が強い）温泉ほど美肌になれるというわけではありません。**強アルカリ性のお湯では、皮脂をとられすぎて、肌がカサカサになってしまうケースもあります。**強酸性泉と同様に強アルカリ性泉の場合や乾燥肌など肌が弱い人

は、入浴後は温泉成分を肌に残さないように真湯で洗い流しましょう。

このように、酸性泉・アルカリ性泉ともに肌に対する効果は認められていますが、それぞれの特性を理解して入浴を楽しむことが大切です。強酸性泉・強アルカリ性泉では入浴後の保湿も忘れないようにしましょう。

● 温泉の効果・効能

入浴による肌への効果以外にも、多くの効果・効能が認められています。効能には、入浴による温熱・浮力・水圧・粘性による**物理的作用**と、温泉の含有成分や浸透圧による**化学的作用**、さらに周辺環境や気候などによるリラックス感など精神面での**心理的作用**に分けることができます。

温泉の含有成分による効果は、いわゆる効能（適応症）として、泉質を問わず共通する**一般的適応症**と、泉質によって定められた**泉質別適応症**が環境省によって定められています。

これらの疾病に対する効能は、経験則にしたがっている部分もあり、すべてが科学的に解明されているわけではありません。

今のところ、その成分の効能に明確な根拠があるのは**二酸化炭素泉（旧名、炭酸泉）**です。二酸化炭素泉は毛細血管をひろげるはたらきがあり、血液循環をよくします。

いずれにせよ、泉質固有の特徴を知っておくことは目的に応じた利用に役立つはずです。今後温泉に行ったときは、源泉の成分表を見てみるといいでしょう。

症状別泉質選択表（環境省：「あんしん・あんぜんな温泉利用のいろは」）

[浴] ＝浴用に適応症がある泉質
[飲] ＝飲用に適応症がある泉質

泉質＼症状	末梢循環障害	冷え性	高血圧(軽症)	耐糖能異常(糖尿病)	高血中コレステロール	胃腸機能低下	便秘	消化性潰瘍	逆流性食道炎	萎縮性胃炎	胆嚢機能障害	痛風	関節リウマチ	自律神経症	不眠症	うつ症状	運動麻痺による筋肉のこわばり	消化器症状	きりきず	皮膚乾燥症	アトピー性皮膚炎
① 単純温泉	浴	浴	浴	浴		浴							浴	浴	浴	浴	浴				
② 塩化物泉	浴	浴				浴	飲			飲			浴	浴	浴	浴	浴		浴	浴	
③ 炭酸水素塩泉	浴	浴		飲		浴			飲				浴	浴	浴	浴	浴			浴	
④ 硫酸塩泉	浴	浴				浴	飲				飲		浴	浴	浴	浴	浴			浴	
⑤ 二酸化炭素泉	浴	浴	浴			浴飲							浴	浴	浴	浴	浴				
⑥ 含鉄泉						浴							浴	浴	浴	浴	浴				
⑦ 酸性泉					浴飲	浴							浴	浴	浴	浴	浴				
⑧ 含よう素泉	浴	浴		浴飲	飲	浴							浴	浴	浴	浴	浴				浴
⑨ 硫黄泉	浴	浴		浴飲	飲	浴							浴	浴	浴	浴	浴				
⑩ 放射能泉	浴	浴				浴						浴	浴	浴	浴	浴	浴				浴

第2章
『キッチン』
にあふれる科学

13 浄水器はどうやって水をきれいにしている?

「おいしい水を飲みたい」「水のにおいが気になる」「安全な水を飲みたい」「健康にいい」などの理由で、浄水器の普及率が上がっています。浄水器はどんなしくみなのでしょうか。

● 水道水と「におい物質」

水道水をつくる浄水場では、大きな粒子やにごりの沈殿、有機物の分解などをおこない、最後に消毒のために塩素殺菌をして各家庭に送り出します。水道法で、各家庭の蛇口でも、塩素が一定量(1リットルあたり0.1ミリグラム)以上きちんと残っていることが義務づけられています。塩素があることで、病原性の細菌などがふくまれない水が家庭まで届けられているのです。

しかし、水道水をつくる原水にふくまれていた汚れと塩素が結びついて、独特のにおいを感じることがあります。そこで、そのような「におい物質」を活性炭で除去して水道水をおいしくしようとしたのが浄水器の始まりです。[*1]

● 浄水器のしくみ

浄水器の基本構造は各社ともほとんど変わりません。**活性炭**と**マイクロフィルター**(中空糸膜)とを組み合わせたものです。

水道水を浄水器内の活性炭とマイクロフィルターでろ過したり吸着したりして、残留塩素、赤さび、においなどを取り除きます。

---

*1 近年水道水のカルキ臭やカビ臭が気になるなどの理由で、浄水器の普及率が上がっています。浄水器メーカーで構成する浄水器協議会の2017年7月の調査結果によると、浄水器の使用率は全国平均で36.2%と、4割近い世帯で使われています。これは、前回調査(2001年、28.9%)を7ポイント以上も上まわる数字です。

水道の蛇口に取りつけるタイプと、水をろ過材の詰まったタンクに取り入れる据え置きタイプとがあります。

浄水器の基本的なしくみ

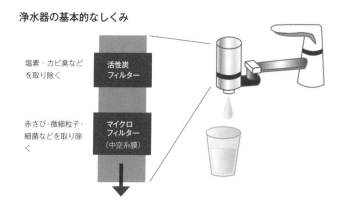

● **活性炭の役目**

もともと炭は、単位面積あたりの表面積がきわめて大きいので、いろいろな物質を吸着する性質をもっています。なかでも炭をつくるときに特別の処理（活性化）をして、とりわけ吸着する性質を強化したものを**活性炭**といいます。原料には、木炭、ヤシがら、石炭などを使います。

活性炭が吸着性にすぐれている理由は、非常にたくさんのごく小さな穴があいているために、1グラムあたり800〜1200平方メートルもの大きな表面積があるからです。そのたくさんの穴のなかに色素分子やにおいの分子、有害物質の分子が取りこまれて除去されるというわけです。そのため、古くから脱色剤や脱臭剤などに使われてきました。

活性炭の表面には非常に多くの穴がある

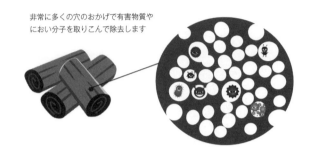

非常に多くの穴のおかげで有害物質やにおい分子を取りこんで除去します

● マイクロフィルター（中空糸膜）の役目

　かつての浄水器は、活性炭だけでしたが、そうすると、活性炭で塩素がとれてしまいますから、殺菌力がなくなったところで細菌が増えることがあります。水道を使う場所は細菌のえさになる有機物がたくさんあり、それがしぶきとして浄水器に飛びこんだりして細菌の生活の場となってしまいます。浄水器が「細菌製造器」になっていることが問題になったのです。

　そこで今では、さらにマイクロフィルター（非常に細かい穴があいていて、細かいものをろ過するものという意味）と組み合わせて、細菌などもそこで取り除いています。

　マイクロフィルターは、中空糸というものを何百本も束ねています。中空糸とは、ナイロンなどでつくられているパイプ状の糸です。しかし単なるパイプではなく、パイプの部分を拡大してみると、その壁面には無数の曲がりくねった大変小さな穴があいています。その穴の平均径は、細菌の大きさの数分の１です。一方

で水分子はこれのさらに 1000 分の 1 程度ですから、水は簡単にこの穴を通り抜けて、細菌やゴミだけが分離されるのです。

● **浄水器は定期的にカートリッジの交換を**

浄水器で水道水の何を取り除きたいかで、使うタイプがちがってきます。水道水は基本的に安全な水です。それでも水道水には、その原水や処理方法によっておいしさに差があります。

水道水のにおいや味が気になる程度ならば蛇口につけるタイプで十分です。鉛やトリハロメタン、農薬などの対策には活性炭量の多い据え置きタイプが威力を発揮します。

ただし、浄水器を通した水だから安心とはいえません。使っているうちにだんだん物質を吸着するはたらきは弱くなり、最後には何も吸着できなくなってしまいます。下手をすると、もとの水道水より汚れた水になっていることがあるのです。したがって、定期的に活性炭カートリッジを交換する必要があります。

なかには、活性炭とマイクロフィルター（中空糸膜）以外の付加装置をつけることで高額化させているものがあります。そのようなメーカーのものは避けたほうがいいでしょう。

また、健康にいい水をつくる「活水器」といわれる浄水器もどきがありますが、その効能に根拠のあるものはないので注意が必要です。

14 ペットボトルの「ペット」って何?

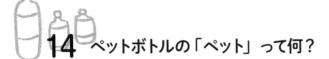

とても身近な存在であるペットボトル。用途に合わせて、いろいろな大きさや形がありますね。しかしその材質や形状に関してはあまり知られていません。

● ペットボトルの名前の由来

ペットボトルの名前の由来は何でしょうか。動物のペットとはもちろん何の関係もありません。

その材質がプラスチックの一種、**ポリ・エチレン・テレフタラート**(polyethylene terephthalate)という物質で、その頭文字をとってPETとよんでいます。つまり「ガラスびん」と同様、「そのボトルが何からできているか」を示しているのです。

また、**ペット繊維**は衣料品のおよそ半分をしめているといわれています。ボトルよりも繊維のほうが熱に強く、断熱性に優れているので、**フリース素材などに広く使われています**。

「プラスチック」にはさまざまな種類がある

ポリエチレンテレフタラート

ポリエチレン

塩ビ

ポリカーボネート

第2章 『キッチン』にあふれる科学

● ペットボトルの種類はたくさんある

ペットボトルの主力である清涼飲料用ボトルは、内容物によって大きく炭酸系・非炭酸系に分かれ、さらに耐熱用、耐圧用、無菌充填用、耐熱圧用といった種類があります。

また飲料以外の用途として、醤油、酢、ドレッシングなどの調味料の容器として広く使われています。

プラスチック容器にはたいていその素材がわかる表記がついています。身近なペットボトルを探してみてはいかがでしょうか。

● 工夫された形状

炭酸飲料用のペットボトルは、表面がツルッとした断面が丸い形をしています。これは内側からの圧力に耐えるための形です。

ペットボトルを凍らせると、丸くふくらむことから、内側の圧力で丸くなることがわかります。ただし、普通のペットボトルは冷凍による膨張に耐えられるようには設計されていません。

ペットボトルの表面で一番圧力に弱いのは、ボトルの底の部分です。かつては、圧力に耐えるために底が半球状になっており、倒れないように別に台座を接着したタイプのものが使われていま

した。しかし、現在は**ペタロイド（花弁）**とよばれる形状で、一体形成で圧力に耐えられるようになっています。

また、四角くて表面に凸凹があるペットボトルも多く見られます。この構造を**減圧吸収パネル**とよびます。これは熱いうちに充填された飲料を外側から冷水で冷やすときの圧力に耐えるためです。また、持ったときに形がくずれないようにするはたらきもあります。

ペタロイド形状

減圧吸収パネル

● ホット用のペットボトル

ペットボトルの耐熱性はあまり高くありません。そのため、あらかじめ加熱処理をして耐熱温度を上げたものが多く使われています。

ペットボトルは加熱すると白く結晶化するため、飲み口が白く不透明になります。一見、別の材質がついているように思うかもしれませんが、白い部分もペット素材です。加熱殺菌したまま充填するため、果汁飲料や乳酸飲料では、耐熱ボトルが使われることが多いです。

● 売り方によっても異なる形状

丸に近い形に減圧吸収パネルが施されているボトルは、主に自

動販売機などで転がることを想定してつくられたものです。それに対して、真四角のものは、コンビニエンスストアなどの冷蔵庫などに陳列するときに、より多くの商品を並べるようにつくられたものです。当然、四角いほうが箱も小さくて済み、運搬するうえでもメリットがあります。

● **ラベルとキャップは材質がちがう**

ペットボトルのリサイクルに関して知っておきたいことは、**ラベルとキャップはペットとは別のプラスチックからできている**ということです。多くの場合、キャップはポリプロピレン、ラベルはポリエチレンでできています。

ポリエチレンやポリプロピレンは水に浮くので、リサイクル工場では粉砕したのち、水に入れることによって分離することができます。

とはいえ、リサイクルに出す段階で、ラベルをはがし、キャップを外した状態で中を洗って出したほうがリサイクルの効率がよくなります。キャップとラベルを外して分別廃棄が推奨されているのはそのためです。

なおリサイクルされたペット素材は、容器や繊維などに再利用されています。

ペットボトルの
法定識別マーク

プラスチック製
容器包装の法定
識別マーク

15 アルミ箔はなぜ表と裏で色がちがうの？

家庭でよく使われているアルミ箔は、表裏があるように見えます。表はぴかぴかしているのに、裏はにぶく見えます。表と裏でどんな加工のちがいがあるのでしょうか。

● アルミ箔の表はつるつる、裏はでこぼこ

アルミ箔の原料は、純度99パーセント以上のアルミニウムです。これを薄くしたものがアルミ箔です。ですから、表にも裏にも塗料などは塗られていません。

表と裏をよく見ると、アルミ箔の表はつるつるとしているのに対し、裏は何かでこぼこしています。それが表と裏の大きなちがいです。

● 表と裏がちがうワケ

裏表があるのは、薄いアルミ箔をつくる過程にあります。

アルミ箔をつくる過程は、アルミニウムのかたまりを加熱して延ばしやすくし、何段階にもわたってローラーに通していき、徐々に薄くしていきます。

家庭用のアルミ箔の厚さは、およそ0.015〜0.02ミリメートルととても薄いものです。

一枚ではそこまで薄く延ばすことがむずかしく、延ばすのに限界があります。そのためにある程度延ばしたあと、**最後に2枚**

重ねて延ばすことによってさらに薄くするのです。

そして薄く延ばし終わり、2枚重ねたアルミ箔をはがしていきます。すると**アルミとアルミが接していた面はにぶく光り、ローラーに面している部分はローラーによって磨かれ光沢をもちます**。こうしてアルミ箔の表と裏ができるのです。

アルミ箔の圧延方法

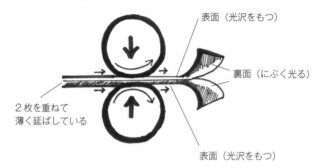

- 表面（光沢をもつ）
- 裏面（にぶく光る）
- 2枚を重ねて薄く延ばしている
- 表面（光沢をもつ）

● **アルミ箔の特徴**

アルミ箔の特徴は次の通りです。

・**衛生的**

アルミ箔は、純度が比較的高いアルミニウムを使用しており、無味、無臭で無害です。よく食料品や薬品等の包装材に使われているのはこのためです。

・**美しい光沢がある**

アルミ箔は光沢があり、そのため清潔感があります。

・**熱伝導性・断熱性がすぐれている**

アルミ箔は、鉄にくらべて約3倍熱をよく伝え熱伝導性にすぐれています。

一方で、光線や熱線をとてもよく反射する特徴があります。こうした熱に関する特性をいかして、床暖房や冷凍器具にも利用されています。

・**印刷や加工が簡単**

印刷、着色が自由にできます。また、他の材料とのラミネート加工（貼りあわせ）が容易です。

・**防湿性・遮光性がすぐれている**

アルミ箔は、紫外線、赤外線を通さず、水分やガスの非通気性にもすぐれているので、食品などの包装材料として広く使用されています。

● アルミ箔を使った商品例

アルミ箔は、家庭で包装用に使われる厚さ0.015〜0.02ミリメートルのものだけではありません。さらに薄い厚さ（0.006〜0.1ミリメートルくらい）のものがあります。アルミ箔は、単体で使用される場合と、フィルムや紙とを貼り合わせて使用される場合とがあります。

アルミ箔は、家庭でおなじみのアルミ箔以外にも、気体や液体を通さないバリアー性など独自の材料特性を活かしてさまざまな商品のパッケージに使われているのです。

ヨーグルトのふた

お菓子の包装

たばこ包装

● 折り紙の「金紙」とは？

　折り紙には銀紙や金紙がありますね。このうち銀紙は紙にアルミ箔を貼りつけたものですが、では金紙は何でしょうか。

　金紙の表面を、脱脂綿にマニキュア除去剤をつけてこすってみましょう。すると、表面のオレンジ色の塗料が溶けてきます。

　つまり金紙は、銀紙にさらに透明なオレンジ色の塗料が塗ってあり、金色に見せているだけなのです。ですから「金紙」も、内実は銀紙だったというわけです。

● 「燃えるゴミ」「燃えないゴミ」のどっち？

　これは自治体によってちがいます。

　アルミ箔は薄くて燃えやすいので紙やプラスチックと一緒に燃やすことはできます。紙やプラスチックなら燃えて二酸化炭素や水蒸気になりますが、アルミニウムは燃えると酸化アルミニウムという白色の粉末になります。自治体がもつ焼却炉の能力もちがうため、分別の判断が分かれるところです。

16 保冷剤のしくみはどうなっているの？

食品を冷やしたいとき、暑いときに涼をとろうとするとき、高熱になったときなどに、よく保冷剤や冷却パックを使いますね。どんなしくみになっているのでしょうか。

● **保冷剤のしくみ**

保冷剤は使用して温まってしまっても、また冷凍させるだけで何回でもくり返し使うことができます。その用途によってさまざまな大きさ・形状があります。

一般に袋詰めされて使用・市販されている保冷剤（アイスパック）には約99パーセントの水と高吸水性樹脂（ポリアクリル酸ナトリウム）、防腐剤、形状安定剤がふくまれています。

ポリアクリル酸ナトリウムは、紙おむつなどにも使われているもので、たくさんの網目状のミクロな袋に、自重の数百倍から約千倍までの水を吸収、保持できます。これは水を豆腐やこんにゃくのようにゲル化して形を整えるためです。これなら保冷剤の袋に小さな穴が開いてもジャーッと水がこぼれ出てしまうことはないですね。

いずれにせよ保冷剤のメインは水なのです。

水（99%） ＋ 高吸水性樹脂（ポリアクリル酸ナトリウム） ＋ 防腐剤・形状安定剤

● 保冷剤の冷却能力

保冷剤を使うときには、まず冷凍庫で十分に凍らせます。つまり水を氷にするのです。その氷で冷やします。

ただ、同じ0℃でも水と氷では冷却能力が大きくちがいます。

たとえば、0℃の水と0℃の氷を考えてみましょう。

0℃の氷は、まわりから熱を奪って0℃の水になります。そのぶん0℃の水よりも多く冷却できるのです。

固体を液体にするのに必要な熱を融解熱といいますが、水は1グラムあたり334ジュール（約80カロリー）[*1]です。つまり、氷が融けて水になるまで、1グラムあたり80カロリーの熱量をまわりから奪い続けるので冷たさが持続するというわけです。

ちなみに、密閉できる丈夫なチャック式のビニル袋に、ハンカチやタオルと水を厚さ2～3センチメートル入れて凍らせても保冷剤はつくることができます。

● 冷却ジェルシート

熱が出たとき、よくおでこに貼るのが**冷却ジェルシート**です。その主な成分は保冷剤と同じ水と高吸水性樹脂です。

その冷却ジェルシートをおでこに貼ると、最初冷たくて気持ちいい感じがします。これは、冷却ジェルシートにふくまれている水が体温によって蒸発するときに、体温から**気化熱（蒸発熱）**として熱を奪うことで冷やす効果があるからです。朝方の涼しいときに、道路に水をまいておくとお昼に涼しく感じる打ち水と同じ原理です。ですから乾いてしまうと効果はありません。

[*1] 1カロリーは4.2ジュール。1カロリーは水1グラムを1℃上げるのに必要な熱量のことです。

● **たたいてもむと冷える冷却パック**

携帯用冷却パックは、袋をげんこつでたたいてよくもむと、温度が急激に下がるようにつくられた商品です。

中身は、白色の小さな粒と、小さな小袋に入った液体が入っています。成分は、硝安（しょうあん）（硝酸アンモニウム）、尿素、水などです。硝安は強い吸湿性をもっています。放置しておくと空気中の水分を吸って硝安自身が溶けてしまいます。[*2]

そうしたことが袋の中でおこらないように、水分を吸収するシリカゲルと一緒に入っています。

硝安と尿素は、水によく溶ける以外に共通の性質があります。それは、水に溶けるときにまわりから多量の熱を吸収するはたらきがあるということです。

硝安は水に溶けると急速に温度を下げるのに対し、尿素はゆるやかに下げます。2つの物質を混合して使うことで冷却時間を持続させています。

● **発熱でおでこを冷やしても効果なし**

風邪への対処三原則は「安静・栄養（消化がよいもの、栄養価が高いものをとる）・保温」です。発汗や下痢で水分が失われているときは、これに「水分補給」が加わります。

体温が上がっていくときには寒気がありますから、冷やすのは逆効果です。体温が上がるということは感染症の原因のウイルスなどに対抗していることを意味するので、しっかり保温すること

[*2] このように固体が湿気を吸って溶解することを潮解（ちょうかい）といいます

が大切です。

冷やすタイミングは、熱が上がりきってフウフウ言い出したころです。このタイミングを間違えると病気に対する抵抗力（免疫力）を弱め、ウイルスなどを活発化させて逆効果になることがあります。ですから冷やすことにしゃかりきになる必要はないでしょう。

ところで、熱があるときはおでこを冷やすことが多いのですが、それでは体温はほとんど下がりません。

冷やすのは動脈が走る部分、「首筋、脇の下、太ももの付け根」です。首筋は喉の左右の頸動脈、脇の下の脈の触れるところ、太ももの前面、腰骨と股を結ぶ線の内側３分の１にあたる付近を冷やします。

動脈の走る部分を冷やすと血液が冷え、冷えた血液が全身を回るため体温を下げることができます。

発熱時に冷やすべきところ

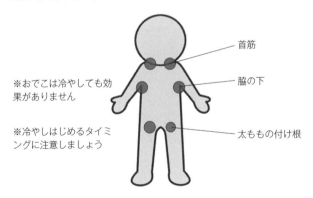

※おでこは冷やしても効果がありません

※冷やしはじめるタイミングに注意しましょう

首筋

脇の下

太ももの付け根

17 なぜラップは簡単にくっつくの?

食べ物を保存したり、電子レンジで加熱したりするときに使う食品包装用のラップは、接着剤もないのに簡単にくっつきます。いったいなぜなのでしょうか。

● ラップフィルムには3種類ある

日本のスーパーで販売されている食品包装用ラップフィルムは、使われている原材料で大きく3種類に分けることができます。原材料のちがいにより、製品の特性も変わってきます。

- **ポリ塩化ビニル製**のものは伸びやすく、よく器にくっつきます。密着性があり、破れにくいので、生鮮食品やお惣菜のトレー包装などに使われています。
- **ポリ塩化ビニリデン製**のものは、においや湿気、酸素を通しにくい性質があります。食品の長期保存に向いています。[*1]
- **ポリエチレン製**のものは、酸素を通しやすいので呼吸している野菜や果物などの保存に向いていて、低価格なのも特徴です。

それぞれの特性を考えて、ラップを使い分けるのがおすすめです。今度ラップを買うときには、パッケージに記載された原材料を見てみてください。

[*1] 日本でもなじみ深い『サランラップ』は、多くの国ではダウ・ケミカル社(米国)の登録商標ですが、日本では同社と旭化成が共有する登録商標となっています。『サランラップ』は、ポリ塩化ビニリデン製です。

● どうやって薄くするの?

紹介したラップの原材料は、加熱するとやわらかくなり自由に変形する熱可塑性[*2]のプラスチックです。フィルムに加工するとき、原料に熱を加えて薄く延ばしていきます。

溶かした原料を温度管理したローラーの間を通して薄く延ばしていく方法と、風船のようにふくらませることで薄くする方法とがあります。

● なぜ簡単にくっつくの?

物質をつくっている分子には、分子どうしが引き合う力、**分子間力(ファンデルワールス力)**という力がはたらきます。この分子間力はとても小さな力で、分子どうしが密着するほどの距離まで近づかなければはたらきません。

ラップは表面が平らで、ガラスなどの食器に密着することができます。それで、分子間力がはたらき食器にくっつきます。

しかし、木の器のように一見滑らかに見えても、**表面に凹凸があると接する面が小さくなって、くっつくことができなくなります**。また、ラップがやわらかくバネのように元に戻ろうとする力(弾性)があることも、食器とラップが密着することにつながっています。

ラップの原材料や厚み、弾性があるかなどによってくっつく力は、変わってきます。また、食器の口に薄く水をぬることで、食器の表面にある細かな凸凹が埋まり、ラップがくっつくこともあります。ラップと食器がくっつきやすいかどうかは、さまざまな

[*2] 「熱可塑性」とは、加熱すると軟化して成形しやすくなり、冷やすと固まる性質のことです。

条件が重なって決まるのです。

● ラップが融けたり融けなかったり

食材を電子レンジで温めたときに、ラップが融けてしまった経験はありませんか。ラップの箱には、耐熱温度の記載があります。

・ポリエチレン　　　　　110 ℃
・ポリ塩化ビニル　　　　130 ℃
・ポリ塩化ビニリデン　　140 ℃

いずれの物質も、熱可塑性プラスチックですから熱にはあまり強くありません。水は沸点が 100 ℃ですから、ポリエチレンは融けないように思われますが、水蒸気は 100 ℃以上になります。また、油は液体の状態でもかなり高温です。そのためラップの箱には、「電子レンジ使用の際、油性食品がラップと直接触れないようにする。」といった注意書きがあります。

● ラップは「燃えるゴミ」「燃えないゴミ」のどっち？

これは自治体によってちがいます。

容器包装リサイクル法では、業者が回収費用を負担して、食材が入っていたトレーや包んでいたラップを、プラスチックとして回収することになっています。しかし、家庭で使ったラップは、この法律の対象にはなりません。それで、回収せず燃えるゴミにする自治体と、プラスチックとして回収する自治体に判断が分かれています。

第2章 『キッチン』にあふれる科学

18 水回りに強いステンレス素材はすでにさびている？

主婦のみなさんになじみ深い素材のひとつが「ステンレス」ですね。ところで「さび」に強いと思われているこの素材ですが、実はもともとさびていることをご存じでしょうか。

● さびを防ぐためのさびの膜

さびにくい金属に **ステンレス**（ステンレス鋼・ステンレススチール）があります。ステンレスは、鉄とクロムなどの合金*1です。

ステンレスの「ステン」は英語で「さび」、「レス」は「〜ない」という否定を意味しますから、**「さびない」という意味**の単語になります。しかし、実は、ステンレスの表面はさびているのです。

下図に描いたように、**目に見えない薄いさびが表面をおおっています**。このさびは、とてもギッシリと詰まっていて、空気中の酸素や水分が金属と触れるのを防いでいます。

つまり、意図的に元の金属の表面に安定した酸化被膜をつくらせて、内部をさびにくくしているわけです。この被膜のことを「不動態被膜」とよびます。

被膜の厚みは1ナノメートルから3ナノメートル程度で、**原子が数個から十数個分という薄さ**です。

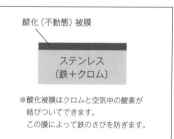

※酸化被膜はクロムと空気中の酸素が結びついてできます。
この膜によって鉄のさびを防ぎます。

---

*1 合金とは2種類以上の金属からできた物質で、ステンレスのほかに青銅や鋼、はんだ、マグネシウム合金など多数あります。

● もらいさび

さびにくいステンレスとはいえ、さびることもあります。

たとえば、台所のステンレス調理台の上に置きっぱなしにしたヘアピンがさびてしまった場合、それをはがしてみると下のステンレス部分もさびていることがあります。これを**「もらいさび」**などといいます。

先ほども説明したように、ステンレスの表面はごく薄い被膜で保護されているだけです。そのため、表面に亜鉛などの異種の金属がついて、そこへ水がついて異種金属がさびる場合、その部分からステンレス自体がさびてしまう場合があるのです。

そのようなさびの侵入は、付着物によって**酸化被膜をつくるための酸素が不足する**ことも原因となっています。

普通は酸素が原因でさびがおきますが、その酸素が不足することでステンレスの表面がさびるというのは何とも皮肉です。

● **表面の傷も弱点**

このことは、ステンレスの表面に傷がつくと、そこから酸化が浸透していくことを意味しています。それでも1回だけならすばやく酸化被膜ができて修復されますが、放置したままだと酸化が奥へ奥へと侵入していきます。

とくに水をくみ上げるポンプなどは、機械の可動部のどこかにくり返し負担がかかりますので、その部分からさびていくことが多く注意が必要です。

同じ理由で、海岸近くで塩をふくんだ風に常にさらされる状況では、ステンレスは傷みやすいことも指摘されています。

● **さび予防のお手入れ**

これまで説明したとおり、ステンレスがさびにくい理由は、表面をおおう酸化被膜が、内部の金属の腐食を防ぐことにありました。

逆にいうと、この表面の酸化被膜がきちんとはたらくようにしてあげることが大切です。具体的には、**汚れなどで表面がおおわれないようにすること**です。

ステンレスの表面は定期的に水洗いし、乾いた布でから拭きをして、きれいに保つように心がけましょう。

もし表面にさびが発生してもあわてないことです。

スポンジなどに中性洗剤などをつけてこすることで、表面のさびは取り除くことができます。

汚したまま、濡らしたままで長い時間放っておくことがなければ、そして他の金属に接した面に気をつけていれば、きれいな状態は長続きします。

水や汚れ、物が多く置かれがちな台所は、とくに衛生的にしたいものですね。

19 セラミックス製の包丁は金属包丁と何がちがうの?

> セラミックスはもともと「焼き物」という意味で、粘土を焼いたすべての製品のことをいいます。最近では、軽くて切れ味のいい「セラミックス包丁」が普及してきました。

● 人類最古のセラミックスは「土器」

人類が最初につくったセラミックスは**土器**で、日本では、青森県の大平山元Ⅰ遺跡で出土した約1万6000年前の土器破片がもっとも古いものです。[*1] 最初の土器は、粘土を成形して直焼きする方法でつくられ、その後はろくろを利用し、窯(炉)を使ってつくるようになりました。

そして100年ほど前に、トンネル窯で大量に焼き上げられるようになり、そのようにしてできたのが、高圧碍子(電柱などにつけ、送配電用の電線を支持するための陶磁器製などの絶縁器具)や洋食器などです。

セラミックスには、**硬い**[*2]、**燃えない**、**電気を通さない**(電気絶縁性)という特徴があります。

● 高性能のファインセラミックス

最近では精製した原料を用いて、耐熱性や耐食性、硬度に加えて、光学材料、磁性材料などとしての新しい有用な性質を備えたセラミックスがつくられ、広く使われるようになってきています。

[*1] 日本には、およそ4万年前からホモ・サピエンスが住んでいました。およそ1万5000年〜2000年ほど前に住んでいた縄文人の前の人類です。
[*2] セラミックスは、ダイヤモンドに次ぐ硬さです。

このため、今日では「非金属の無機材料で製造工程において高温処理を受けたもの」全般をセラミックスとよぶようになっています。

なかでも、高い精度や性能が要求される電子工業などに用いられるセラミックスを、**ファインセラミックス**（ニューセラミックス）といいます。*3

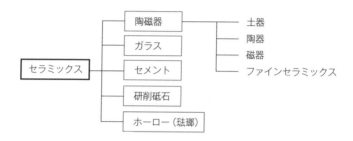

ファインセラミックスには、市販されている磁石では世界最強のネオジム磁石、高温超伝導ケーブル、摩耗しないエンジン、生体に適合しやすい人工骨、太陽電池などに幅広く使われています。

● **セラミックス製の包丁の利点と欠点**

私たちの生活の中になじみのあるセラミックス製品には、**包丁**、**ハサミ**、**皮むき器の刃**などがあります。これらは、ジルコニア（ジルコニウムという元素と酸素元素が結びついてできている）を原料とし、セラミックスの硬くて、頑丈で、比較的粘りのある性質を利用しています。

---

*3 ファインセラミックスは、高純度の原料を精度よく製造されたものの総称です。主に人工的な材料を使い、焼く温度のほかに、圧力などの外的条件を効果的に精密制御して製造されます。

セラミックスの刃のナイフはさびにくく、当初の切れ味も長持ちし、食べ物のにおいが移りにくいといった特徴があります。また、水にぬれたままでも問題ないことから、管理の手間がかからないことも特徴です。

　ただし、**金属の包丁と比べて「もろい」**という面があります。硬いものにぶつかったときには刃が壊れてしまいます。金属の場合は、刃の一部が欠けても、砥石（といし）でとぎ直すことが容易にできるのに対して、セラミックス製では、ダイヤモンドシャープナーなどの専用の器具でとぐ必要があり、家庭向きではないともいえます。

　さらに、軽い素材のため、大きな魚をぶつ切りにするような、**包丁の重さを利用して切るのには向きません**。そのため、多様な用途に対して用意されている各種の金属包丁にかわるところまではなかなかいかないというのが現状です。[*4]

　そのためセラミックス包丁は、骨のない肉や、タネがなくやわらかい野菜などを細かく切ることに向いているといえるでしょう。

　ただ、「軽い」ということは**「疲れにくい」**ことにつながります。従来の金属ナイフでいうフレンチナイフ（肉、野菜一般用）やペティナイフ（果物、菓子用）に対応しているといえます。

　なお、ほかにも注意点があります。それは、ピカピカ光った金属光沢をもった刃とちがい、見た目には切れ味が鋭いように見えないことにあります。不注意で指をこするなどしないように気をつけましょう。

[*4] 調理における「切れ味」には、単にものを切断するだけではなく、切断面にできたすき間を押し広げるなど、多様な機能が関連しています。

第3章
『風呂・掃除・洗濯』にあふれる科学

20 消臭剤と芳香剤は何がちがうの？

近年、さまざまな用途に合わせて多くの消臭剤や芳香剤が発売されています。そのちがいはどこにあるのでしょうか。また、そもそも「におい」とは何なのでしょうか。

● においは、香り？匂い？臭い？

私たちの身のまわりには多くの「におい」が存在します。

「におい」には、大きく分けて心地よい気分にしてくれる**「香り」**ないし**「匂い」**と、不快な気分にさせる**「臭い」**があります。「におい」の正体はそのほとんどが有機化合物を中心とした化学物質です。たとえば私たちは、朝ごはんでのトーストの「香り」やお味噌汁の「匂い」、トイレ・生ゴミの「臭い」などを、**特定の化学物質の種類や濃度を嗅覚で感じ取ることで認識している**のです。

● 消臭剤と芳香剤のちがい

ところでみなさんは、消臭剤と脱臭剤、芳香剤のちがいを説明できるでしょうか。これらはにおいの成分である化学物質をどのよう処理するかによってその分類がなされています。

消臭剤は臭気を化学的作用や感覚的作用などで除去または緩和するもの、**脱臭剤**は臭気を物理的作用などで除去または緩和するもの、**芳香剤**は空間に芳香を付加するものです。[1] さらに臭気を

---

[1] 芳香剤消臭脱臭剤協議会の「一般消費者用芳香・消臭・脱臭の自主基準」によります。

それぞれの特徴

・消臭剤	臭気を化学的作用・感覚的作用などで緩和
・脱臭剤	臭気を物理的作用などで除去・または緩和
・芳香剤	空間に芳香を付加
・防臭剤	臭気を他の香り等でマスキング

他の香りなどでマスキングするものに**防臭剤**があります。

消臭剤の説明にある**化学的作用**とは、中和反応や酸化還元反応などを利用して、**においを別のものに変化させること**です。

また**物理的作用**は、小さな穴がたくさん存在する物質や溶剤などに**においを吸着・吸収させること**を指します。

これらの定義からわかるように、いずれもにおい自体を消してしまうわけではありません。

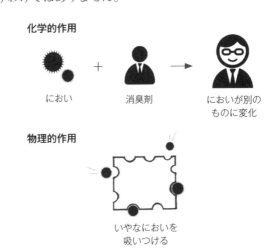

そういう意味では、芳香剤はにおいの根本的解決になっていないともいえます。しかし、市販されている製品は、芳香によって他のにおいを感じさせないマスキング作用（感覚的消臭）をねらった上で、好みの香りを演出できるように工夫されています。[*2]

●「室内用」と「トイレ用」のちがいは何？

消臭・芳香剤には、「室内用」「トイレ用」さらには「衣類用」「車用」など数多くの製品が販売されていますが、具体的にはどのようにちがうのでしょうか。

メーカーによると、主に下記の３つを考慮して、もっとも効果が発揮されるようにつくられているようです。

① におい物質のちがい
② 空間の広さのちがい
③ 滞在時間のちがい

たとえば、室内のにおいの原因は体臭や汗、タバコのにおい、さらには、畳や木製家具などさまざまなにおいが混ざり合った複合臭です。また、室内はある程度の広さがあり、滞在時間が長いことが想定されます。それに対して、トイレに漂うにおいは、ある程度限定的で、排泄物にふくまれる成分が主な原因です。また、空間は狭く滞在時間はそれほど長くありません。

同じ香りでも、狭い空間で使用すると香りを強く感じてしまったり、長時間かぎ続けると不快に感じたりするものもあります。

これらを踏まえながら、製品の設計がなされているのです。

[*2] たとえば香水は、体温と体臭や汗が混ざる「マスキング作用」を前提につくられています。

● 効果的なトイレの消臭方法

トイレのにおいには、大きく2つあります。尿臭の主成分である**アンモニア**と便臭の主成分である**硫化水素**です。

成分はそれぞれ、アンモニアはアルカリ性、硫化水素は酸性を示す成分なので、中和反応による消臭対策をとる場合は、異なった成分をもつ消臭剤が必要となります。近年は、その両方の成分を配合した消臭剤が販売されていますが、場面に合わせて適切な消臭剤を使用することが大切になります。

トイレのにおいの元

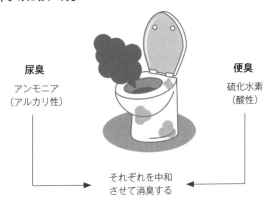

尿臭
アンモニア
（アルカリ性）

便臭
硫化水素
（酸性）

それぞれを中和させて消臭する

また、においはトイレの床や便器から発生するので、**消臭剤は床に置くのが効果的**といえるでしょう。

消臭芳香剤の場合で、**芳香の効果を強く実感したいときは、目線の高さ位に置く**ことで、香りを感じやすくすることができます。

21 リンス・コンディショナー・トリートメントのちがいは何?

毎日なにげなく使っているリンス・コンディショナー・トリートメントは、それぞれ何がちがうのでしょうか。使い方や順番をまちがえると、効果が薄れてしまうこともあるようです。

● 目的や効果のちがい

洗髪後の毛髪ケア剤は、乾燥、紫外線、静電気などによるダメージから髪を守ったり、補修をしたりするために使われます。メーカーによってよび名が異なる場合もありますが、それぞれに目的や効果がちがいます。

一般的に、**リンス**と**コンディショナー**には、髪の表面をなめらかにして、コンディションを整えるはたらきがあります。髪を油膜でコーティングすることで、摩擦などの刺激から保護するのです。パサつきの原因となる表面の**キューティクル**(毛表皮)の傷みを防ぐので、髪のすべりがよくなります。

一方**トリートメント**には、髪の内部に作用して状態を整えて、手入れ・手当てをするはたらきがあります。[*1] その成分は、**コルテックス**とよばれる髪の内側にある繊維状のタンパク質の層にまで浸透します。髪の傷みを補修するだけではなく、ハリやコシなど髪の質感をコントロールする効果もあります。

また、メーカーによっては、リンスやコンディショナーの機能を合わせもったトリートメントや、ミスト、ジェル、オイル、ミ

---

*1 「トリートメント」は、「手入れ・手当て」という意味です。

ルクなどの洗い流さないタイプのトリートメントもあります。

さらに、髪が傷んでいるときのケアとして、ヘアパックやヘアマスクなどがあります。シャンプーのたびに毎回使うのではなく、数回おきの使用で効果があるといわれます。

それぞれの特徴

・トリートメント	髪の内部にまで浸透して質感をコントロール
・リンス	石けんシャンプーのアルカリ性を弱酸性成分で中和 キューティクルを閉じてなめらかにする
・コンディショナー	キューティクルの傷みを防いでコンディションを整える
・ヘアパック ・ヘアマスク	髪の内部にまで深く浸透 傷みが激しい場合の補修に

● リンス・コンディショナーは最後に

シャンプーで頭皮や髪の汚れを落とした後は、まずトリートメントを使い、次にリンス・コンディショナーを使用すると効果的です。髪の内部に成分が浸透するトリートメントでダメージを補修した後に、リンスやコンディショナーで髪の表面をおおってキューティクルを保護します。

リンスやコンディショナーの後にトリートメントを使用すると、先に髪の表面をコーティングしているため、補修成分が内部まで染みこみにくくなってしまいます。

使う順番が大切

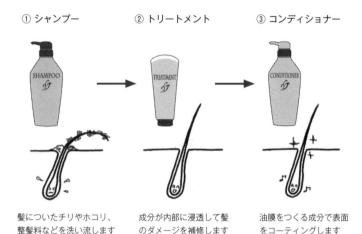

① シャンプー　　② トリートメント　　③ コンディショナー

髪についたチリやホコリ、整髪料などを洗い流します

成分が内部に浸透して髪のダメージを補修します

油膜をつくる成分で表面をコーティングします

● **毎日髪を洗うようになったのはつい最近？**

　洗髪習慣の歴史は意外に浅く、日本初の「シャンプー」は、昭和初期に発売された粉末洗髪剤だといわれています。それまでは、月に1回程度、米のとぎ汁などで洗髪をしていました。

　戦後、住宅に内風呂やシャワーが普及して、洗髪の頻度は徐々に上がっていきました。

　今では、毎日のように液体シャンプーで洗髪したり、リンスやコンディショナー、トリートメントなどの毛髪ケア剤で仕上げをするという習慣が根づいています。しかし、こういった習慣は、1980年代以降に定着してきたものなのです。

● リンスやリンスインは和製英語

「リンス（rinse）」には英語で「すすぐ」の意味があります。**石けんシャンプーのアルカリ成分を中和するため、最後に酸性の水溶液（酢やクエン酸等）で髪をすすぐ必要があったことに由来**します。その習慣から派生して、日本特有の意味で使われるようになりました。

現在の一般的なシャンプーに対して用いるリンス剤は、それとは意味合いが異なるので、英語の「ヘアコンディショナー（hair conditioner）」を使うことが多いです。

「リンスインシャンプー」や「リンスのいらないシャンプー」の場合は、シャンプーとリンスのそれぞれの分子の大きさを変化させて、両方の機能を失わないまま混ぜ合わせています。[*2]

● 頭皮ケアと注意点

「スカルプシャンプー」といわれる商品が増えてきました。「スカルプ」は「頭皮」という意味で、薬用タイプのものやオイルなどで頭皮を刺激して血行を促進し、育毛を促進したり、紫外線などのダメージから頭皮を守るはたらきなどが期待できます。

しかし、頭皮ケア用ではないリンス、コンディショナー、トリートメントなどの毛髪ケア剤を、頭皮にすりこむようにマッサージしても、頭皮に成分が浸透して効果を得られるということはありません。頭皮へのつけすぎや洗い残りによって、雑菌の繁殖、皮ふの炎症などの元となり、フケやかゆみ、さらには薄毛の原因をつくってしまう場合もあるので注意が必要です。

[*2] リンスが入っているという意味の「リンスイン」も、もちろん和製英語です。英語では「コンディショニングシャンプー（conditioning shampoo）」といいます。

22 お風呂の栓を開けると渦は左巻きになる?

> 台風の渦は北半球では左巻き(反時計回り)、南半球では右巻き(時計回り)といわれます。では、身近なお風呂の栓を抜いたときにできる渦はどうでしょうか。

● 地球の自転の影響を受ける渦巻き

渦というのは、水や空気など液体や気体が、ある点のまわりをコマのようにぐるぐるまわるものです。

お風呂の栓を抜くと、穴のまわりに渦ができますね。渦ができるのは、水が回転しているからです。速さがちがう水の流れがぶつかると、その接触した面のところで水が回転しはじめ、渦になります。

「北半球では、台風の渦巻きは左巻き」ということを聞いたことがありませんか。

台風になる前の低気圧は、空気が上昇することによって、まわりから低気圧の中心に空気が流れこんできます。その流れこむ空気の流れが右にそれて、左巻きの渦巻きになっていくため渦は左巻きになるのです。これは、**地球の自転の影響で、動いている物体は進行方向に向かって右にそれる力(コリオリの力)を受ける**ためです。

台風はいわば大きな低気圧です。気象衛星からの写真を見ると反時計回りの渦が一目瞭然です。

地球の自転の影響を受けて右にそれる

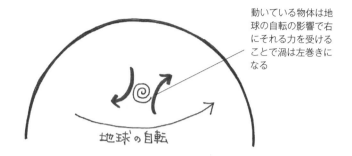

動いている物体は地球の自転の影響で右にそれる力を受けることで渦は左巻きになる

● 北半球のお風呂の穴にできる渦は？

ではお風呂の穴でできる渦巻きも、同様に左巻きなのでしょうか。

実際には、右巻きの場合と左巻きの場合の両方があります。

もし水の出口の穴が真ん中にあって、穴のまわりの条件がまったく同じで、水を静かにしてから栓を抜けば、地球の自転の影響を受けて、北半球の台風のように左巻きになりやすいはずです。しかし、厳密にそのような条件にすることはできないでしょう。

実際には、まず穴が真ん中ではなく、隅のほうにあります。穴に向かって傾斜もついていますし、穴のところはへこんでいます。ですから、地球の自転の影響も受けているとは考えられますが、それよりも別の原因のほうが強く影響して、右巻きになる場合と左巻きになる場合があるのです。

● **研究論文に出たバスタブ渦は？**

お風呂の穴でできる渦巻きをバスタブ渦として研究したグループがあります。京都大学工学研究科と同志社大学工学部の研究グループです。

実際のお風呂では他の原因に強く影響されるので、理想的な条件で排水の流れ[*1]の数値シミュレーションをおこない、バスタブ渦の形成とその維持機構を数値的に調べました。

その結果、もし流れが完全に軸対称で、排水する直前の水が完全に静止していてそれまでの渦の影響がまったく残っていないときには、**発生するバスタブ渦の回転方向は北半球では反時計回り**であることを明らかにしました。つまり、台風の渦と同じということです。

しかし、日常的に私たちが見るバスタブ渦は、初期にバスタブ内に存在する渦が排出口付近に集まることで一時的に観測される渦であることと、その回転方向はその残っている渦の性質で決まり、予測不可能であることもわかりました。[*2]

● **コリオリの力が生じるわけ**

地球は、24時間で1回転します。赤道一周は4万キロメートルですから赤道にいる人は時速約1700キロメートル毎時の速さで動いています。

東京だと周囲が約3万3千キロメートルなので、**時速は約1400キロメートル毎時**になります。実際には地上の大気も一緒に動いているので地球上の人間がその速度を感じることはあり

[*1] 完全な軸対称条件のもとで、円形容器中の水が排水されるときの流れです。
[*2] 参照URL http://www.jps.or.jp/books/jpsjselectframe/2012/files/12-07-1.pdf

ません。

　赤道上と東京で比べたらわかるように、北半球なら北極に近づくほど（南半球なら南極に近づくほど）自転による速度は遅くなっています。この自転の影響で現れる見かけの力がコリオリの力です。地面の速度に差があるために、風にかたよりが出るのです。

　赤道付近では、太陽の日射が強く、その熱で暖かい空気は上昇し、その後へ温帯から風が吹きこみますが、**北半球では赤道へ向かって南向きに吹く風は、コリオリの力の影響で西にそれます**。これが南西に向かってほとんどいつも吹いているのが**貿易風**です。コリオリの力は風だけではなく海流にも影響を与えています。

　コリオリの力の大きさは、高緯度ほど大きくなります。

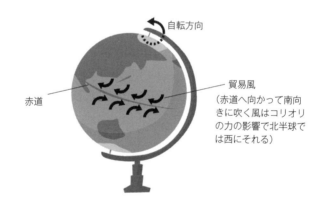

赤道

自転方向

貿易風
（赤道へ向かって南向きに吹く風はコリオリの力の影響で北半球では西にそれる）

　結局、北半球で台風など低気圧に吹きこむ風は、反時計回りの渦に、南半球では北から南方向に吹くはずの風が、少し東向きの風になって時計回りの渦になっています。

23 洗剤はどの汚れに何を使ったら効果があるの？

掃除をするときに活躍するものといえば洗剤ですね。ただあまりに種類が多く、何に効果があるのかわかりにくいのが正直なところでしょう。ここでは洗剤の上手な使い方を見てみます。

● 肌や素材にやさしい中性洗剤

家の掃除で、ちょっとした汚れをとるくらいであれば、まずは**中性洗剤**を使ってみましょう。中性洗剤は、主に食器の油汚れやお風呂場やトイレの皮脂汚れ、さらには、リビングの家具などについた手アカといった**油汚れをとることができます**。

これは、中性洗剤にふくまれる**界面活性剤**という成分によるものです。界面活性剤は、ひとつの分子の中に水になじみやすい部分と油になじみやすい部分の両方をもっており、**普通はなじみ合わない水と油を結びつけることで、汚れを材質から引き離すことができます**。結果、引き離した汚れを水ですすぐことで、汚れをとることができます。

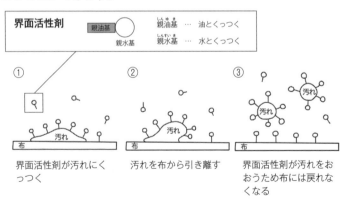

① 界面活性剤が汚れにくっつく

② 汚れを布から引き離す

③ 界面活性剤が汚れをおおうため布には戻れなくなる

また、中性洗剤は、その名前の通り液性は中性であるため、肌や素材を傷める心配なく安心して使用することができます。

● 頑固な汚れには、どんな洗剤が効果的？
　頑固な汚れで代表的なものといえば、水アカとこびりついた油汚れではないでしょうか。これらを効率よく落とすには中性洗剤ではなく別の液性洗剤を使用するのが効果的です。

　まず水アカについて見てみましょう。水アカは、シンクや蛇口などについた白っぽい汚れのことです。水の中には、ミネラル成分として**カルシウム**や**ケイ素**などが微量に存在しています。水が蒸発したとしても、これらはその場に残り蓄積してしまいます。
　こうした**カルシウム由来の水アカ**[*1]**は酸性成分によく溶けるので、酸性洗剤を用いると簡単に落とすことができます**。
　ただし、ケイ素由来の水アカ[*2]は、酸性洗剤でも落ちません。こうなると、研磨剤をふくむような洗剤で、物理的にこすりとらなければなりません。その場合はシンクなどに細かい傷がつくことがあるので注意が必要です。

　次は油汚れです。お弁当箱などプラスチック製の食器に油がついたときには落ちにくいと感じたことがあるでしょう。これは、**プラスチックも油も、化学物質のグループでは同じ有機化合物となるため、ガラスや陶器に比べて油との親和性が高く、お互いの結びつきが強くなる傾向がある**ためです。

---
*1　「カルシウム由来の水アカ」の成分は、主に炭酸カルシウムです。
*2　「ケイ素由来の水アカ」の成分は、主にケイ素カルシウムです。

このような汚れには、アルカリ性洗剤が効果的です。油がアルカリ成分によって、部分的に水に溶けやすい物質に分解されるからです。

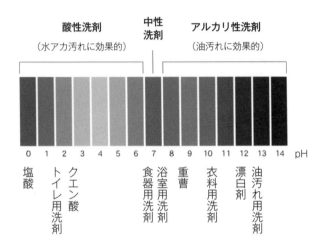

● 洗剤の使用上の注意点

　このように、酸性洗剤もアルカリ性洗剤も特定の汚れに対して強力な洗浄力を発揮しますが、注意も必要です。

　両方とも肌への影響が心配されるためです。そのため、こうした洗剤を使用する際には**必ずゴム手袋などを着用して肌を守るようにしましょう**。

　とくに近年、自動食洗器が普及し専用の洗剤が販売されていますが、この洗剤は機械が洗浄することを前提としているので強め

のアルカリ性であることが多いです。この洗剤で手洗いすると、肌の油分がとれて肌荒れをひきおこす原因になります。くれぐれも使用しないように気をつけましょう。

また、**酸性洗剤は大理石や石灰岩、強いアルカリ性洗剤はアルミニウムを溶かしてしまう**ので、使用場所や頻度も考えることが重要です。

● いろいろな機能をもつ洗剤たち

水回りで気になる汚れのひとつが、**黒ずみ**です。

黒ずみの正体は、カビの一種です。これに効果的なのは、**塩素系洗剤**で、塩素の除菌効果でカビを撃退できます。

また**酵素系洗剤**もありますが、こちらは酵素の力で特定の汚れを分解することができる洗剤です。酵素は洗剤中の界面活性剤の作用を助けて、洗浄力をさらに高めるはたらきをします。

たとえばエリやそでの汚れにふくまれるタンパク質の汚れは、界面活性剤だけではなかなか落とせません。そこでタンパク質分解酵素を配合することで、汚れを分解して落としやすくするのです。なお使用する際に、水ではなく**お湯を使うと洗浄力がアップする**ことがポイントです。[*3]

このように、洗剤の性質と用途を見きわめて、お掃除上手を目指してみてはいかがでしょう。

---

*3 酵素は 40～60℃くらいのお湯でもっとも活性化するといわれています。

24 トイレのお掃除ブラシは下水道に匹敵する汚染レベルだった?

トイレは掃除を少しサボるだけで悪臭や黄ばみ、黒ズミが出てしまいやっかいですね。それぞれの成分や除去方法を科学的に考えて、掃除のコツをつかみましょう。

● こすっても落ちない「尿石」って何?

おしっこの主成分は**水（約 98 %）**と**尿素（約 2 %）**、そして微量の**カルシウム**成分です。これら自体に悪臭はありません。便器に付着した尿素が空気中の細菌に分解されて発生した**アンモニア**が悪臭を放つのです。さらに、カルシウム成分が空気中の成分や二酸化炭素と反応するとしだいに固まっていき、やがて**尿石**ができます。炭酸カルシウムが主成分の尿石は水に溶けないため、便器にへばりついた黄色や茶色の頑固な汚れになります。これが「尿石汚れ」で、一般的に**「黄ばみ」**とよばれるものです。[*1]

悪臭と黄ばみを生むおしっこ

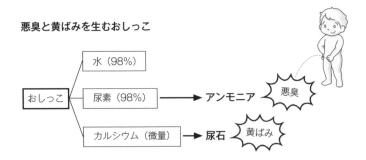

---

*1 尿石汚れは、男性用小便器で排水管詰まりの原因になることもあります。また、掃除がしにくい洋式便器のふち裏やすき間でたまっていきます。

● 尿石汚れには酸性洗剤が効く

 尿石には小さな穴がたくさん空いていて雑菌がたまりやすく、さらにアンモニアを発生させて、新たな尿石を次々とつくる悪循環を生み出します。つまり、**尿石汚れは放っておくと加速度的に広がり、こびりついて落ちにくくなる**のです。

 尿石の除去に効果があるのは**塩酸**が主成分のトイレ用洗剤です。[*2] 酸性洗剤を便器にかけてブラシでこすれば、尿石による黄ばみが落ちていきます。これは、**洗剤の酸性が尿石のアルカリ性を弱めて、中性に近づける中和反応をおこしている**からです。中和された尿石はアルカリ性ではなくなり、中身の構造も変わって落ちやすくなるのです。

● 黒ずみはなぜできるの?

 便器の水面付近にできた黒い輪は**「黒ずみ」**とよばれます。

 黒ずみはバクテリアやカビなどの微生物による**「雑菌汚れ」**です。これらの微生物は、空気や人体からももちこまれ、おしっこやウンチなどを栄養にして繁殖していきます。また、アンモニアの発生も促進するので悪臭の原因にもなります。

 黒ずみは、はじめのうちは水につけたブラシでこすれば簡単に落とせます。しかし汚れがひどくなるとトイレ用洗剤を使わなければ落ちません。しかも雑菌汚れは便器の中だけでなく、尿が飛び散る床や壁などにも潜んでいます。コーティング剤や除菌スプレーをうまく使ってトイレ全体をきれいにすることで、汚れや悪臭をおさえることができます。

[*2] 炭酸カルシウムが主成分の尿石に塩酸をかけてこすると、塩化カルシウムと水、二酸化炭素ができます。塩化カルシウムと水はそのまま流せ、二酸化炭素は空気中に出ていきます。こうしたメカニズムで尿石が落ちていきます。

● **酸性洗剤と塩素系洗剤は混ぜてはいけない**

トイレ用洗剤は、酸性・中性・塩素系で分けられています。

悪臭や汚れがほとんどなければ、**中性の洗剤**で十分です。悪臭がひどく、頑固な汚れになっていれば、**酸性や塩素系の洗剤**の出番です。これらの洗剤を容器ごとお湯につけたり、キッチンペーパーにひたして便器に敷き詰めたりする裏技テクニックが書籍やインターネットで多数紹介されています。

ただし、酸性洗剤と塩素系洗剤に書かれている「混ぜるな危険！」いう注意は必ず守りましょう。たとえ連続して使う場合でも、狭い空間ではとくに十分な時間をあけなくてはいけません。

塩素系洗剤にふくまれる次亜塩素酸ナトリウムが、酸性洗剤にふくまれる塩酸と反応すると、わずか数十秒で大量の塩素ガスが発生するからです。**塩素ガスは少量でも吸いこむと命の危険がある大変毒性の強い気体**です。

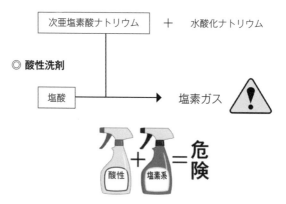

第3章 『風呂・掃除・洗濯』にあふれる科学

● **トイレブラシには8億個の細菌が！**

ある企業が一般家庭のトイレエリアの雑菌数を調べたところ、もっとも雑菌数が多かったのは汚れた便器を直接洗っているトイレブラシでした。**掃除のたびに使っていたブラシこそが、実はトイレの雑菌やカビの温床だった**のです。

ブラシ1本あたりには、72万～8億4000万個の細菌と、7万2000～330万個のカビが付着しているという衝撃的な事実がわかりました。この数字は、**下水道と同程度の汚染レベルに匹敵する**そうです（北里環境科学センター調べ）。

これらの菌やカビは、ブラシケースの湿った環境の中で爆発的に増加してきたと考えられます。さらに、受け皿にたまった水も大量の菌とカビをふくんでいることが確認されました。

こうした細菌やカビは、トイレマットやタオルを介して繁殖し、場合によっては抵抗力の低い幼児やお年寄りのアレルギーや感染症をひきおこす可能性があります。

こうした被害を防ぐためにも、掃除のあとでトイレブラシを日光消毒して十分に乾燥させてから保管するなど、いつも清潔に保つことが大切です。

トイレブラシには大量の細菌・カビがいる

25 ワックスがけとフロアコーティングのちがいは何？

> 床を保護するにはワックスとコーティングの２つの方法があります。ワックスは定期的におこなう「お手入れ」、コーティングは塗装や内装工事のようなものと考えるといいでしょう。

● 安価だけど手間がかかるワックスがけ

　床をピカピカに見せるもっとも簡単な方法は、ワックスをかけることでしょう。みなさんも、小学校や中学校で年に数回、床にワックスがけをした記憶があるはずです。ワックスをかけると、フローリングにある目に見えない凸凹が平らになって、見栄えのいい床になります。

　しかし、手軽にかけることができるワックスには下記のような弱点やデメリットもあります。

・長くても１年で効果が切れる
・アレルギーの原因になりえる
・傷は防げない
・水分や薬品の染みこみは防げない
・カビは防げない
・ワックスが原因で床が黒ずむ

　たいていは３カ月おきにワックスがけをしなければならないの

で、部屋数が多い場合にはなかなか大変です。また、**アレルギーの原因になってしまう**ことや、**傷や水の染みこみが防げない**という点は、小さい子どもがいる家庭では気になるポイントでしょう。

● 高価だけど5〜10年はしっかり保護するコーティング

床を保護する方法にはもう1つ、コーティングがあります。

床をコーティングする場合にはワックスで生じた問題の多くはクリアされます。床のコーティングには、主に下記の方法があります。

・ガラスコーティング
・UV（紫外線）コーティング
・ウレタンコーティング

それぞれにちがいはありますが、5〜10年程度はメンテナンス不要であることが共通しています。[*1] またフローリングを被膜でしっかりとおおうので、水分や皮脂などが床に染みこんでいくこともありません。そのほか、ガラスコーティングでは鉛筆の8Hにあたる、削りや傷にとても強い硬さをもつため、**スチールウールでこすっても傷がつきません**。

またUVコーティングは紫外線をあてるとすぐに固まる材料を使うため、1日で工事が完了するという手軽さもあります。

ただし、床のコーティングは高額です。家庭用のワックスが高くても数千円程度で済むのに比べ、コーティングは30平方メー

[*1] 「20年保証」といった長期保証を売りにしている業者もあります。

トルあたりウレタンコーティングで7万円以上、ガラスやUVコーティングでは20万円程度の費用がかかります。

ウレタンコーティングは安価なものの、耐久年数が約5年とやや短めで、コーティングしてからしっかり固まるまで1カ月程度の期間が必要です。

● あなたはどちらをとりますか？

機能としては圧倒的にコーティングが優勢ですが、費用が高額で、実際に施工する際には家具をすべて移動させる必要があるなど大がかりになります。これに比べて、ワックスがけは安価で家具を移動させる必要もありません。

ですから、いま住んでいる家ではワックスがけをし、新築やリフォームなど、大きな移動をともなうときにコーティングをする、というのがひとつの考え方になるでしょう。[*2]

ワックスとフロアコーティングのちがい

	ワックス	フロアコーティング
ワックスがけ	年数回必要	必要なし
メンテナンス	水拭き厳禁	水拭きOK
傷や汚れ	傷つきやすい 水や汚れが染みこむ	傷つきにくい 水や汚れが染みこまない
費用	安い	高い

[*2] なお賃貸の場合は、「ワックスがけは賃貸人（大家さん）の負担」と国土交通省がガイドラインを出しています。したがって自分でワックスがけをする必要はありません。

第4章
『家電・明かり・光』
にあふれる科学

26 「吸引力の変わらない掃除機」はなぜ吸引力が落ちないの？

吸引力が変わらないことを売りにする掃除機がはやっていますね。ところで、なぜいつまでも変わらない吸引力を維持できるのでしょうか。普通の掃除機と何がちがうのでしょうか。

● 吸引力はなぜ変わるの？

これまで多くの掃除機で使われていたのは「紙パック方式」です。**吸引力の低下は、紙パックとフィルターの詰まりが主な原因**でおこります。その他にパックと本体の間の隙間により、排気漏れがおこることもあります。また細かいゴミまで除去するために、より細かいフィルターを採用すると、その分、目詰まりもおこりやすくなります。そのためこまめなごみ捨てや、フィルターの清掃が必要になります。

● サイクロン式は1920年代に発明された

サイクロン式の歴史は意外に古く、1920年台に発明されたとされています。すでに1928年にはサイクロン式の掃除機が商品化されていましたが、売れることなく姿を消しています。その原理は、空気ごと吸いこんだものを遠心力で容器の内側の壁に押しつけるようにして分離し、中央部分からきれいな空気を排出するというものです。インク工場などで、粉体分離に使われてきた原理で、サイクロン式掃除機はそれを応用したものです。[1]

---

[1] サイクロンは1886年にアメリカのモース（M.O.Morse）によって発明され、1983年にイギリス人のジェームズ・ダイソンが掃除機に応用しました。

遠心力を使ってゴミを分離

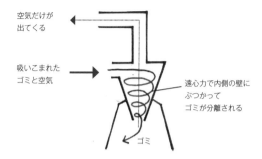

● サイクロン式の吸引力は変わらない?

　紙パック掃除機は、パックのフィルターで吸いこんだゴミを受けとるため、ゴミが入った瞬間から吸引力の低下が始まります。

　それに対してサイクロン式は、遠心力で取り除く方式なので、中央部分からきれいな空気がスムーズに出てきて、吸引力の低下が少ないのです。ただし、ゴミの容器にいっぱいゴミがたまってしまうと、空気がスムーズに出られなくなり吸引力は落ちてしまいます。そのためこまめなゴミ捨ては必要です。

　サイクロン式の掃除機にもフィルターはあります。しかし、吸引されたゴミはサイクロン部で多くが分離されるため、そこを通過した空気はかなりきれいになっています。そのためフィルターの目詰まりが紙パック式のものより少ないとされています。

　しかし、サイクロン掃除機もまったく目詰まりしないわけではありません。ですから「吸引力が変わらない掃除機」は、正確には「吸引力が変わりにくい掃除機」といえるのです。[*2]

[*2] もし完全に吸引力が変わらない、つまり、サイクロンですべてのゴミが除去できるのであれば、その後ろのフィルターは不要ということになります。

27 上下どっちのスイッチでも ON/OFF できるのはなぜ？

階段の上と下や廊下にあるスイッチでは、どちらのスイッチでも、電灯をつけたり消したりすることができますね。このスイッチのしくみはどうなっているのでしょうか。

● 電流の流れる道筋、回路とは

乾電池を電源にしたときの回路を考えてみましょう。

電流は、電源の＋極から出て導線を流れ、電球を光らせたり、モーターを回したりして、また導線を流れ、電源の－極に戻ってきます。

こうした**ぐるっと一回りの電流の流れる道筋を「回路」**といいます。回路は、「ひと回りの路（＝道）」のことです。

回路図の例

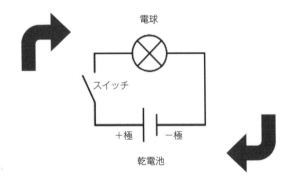

第4章 『家電・明かり・光』にあふれる科学

● **階段の電灯をつけたり消したりするスイッチ**

階段の電灯は、1階でも2階でも自由につけたり、消したりすることができます。

回路のスイッチ部分は図のようになっていて、スイッチにしかけがしてあります。**三路スイッチ**というシーソー式のスイッチなのです。

三路スイッチ①

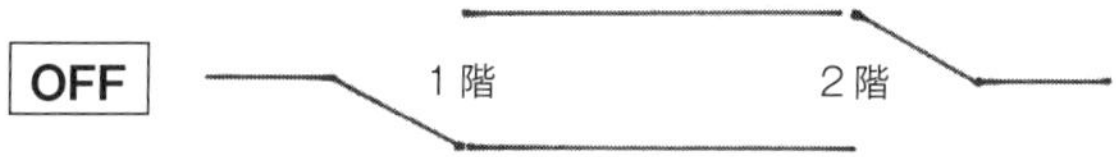

| OFF | 1階　　　2階 |

三路スイッチ②

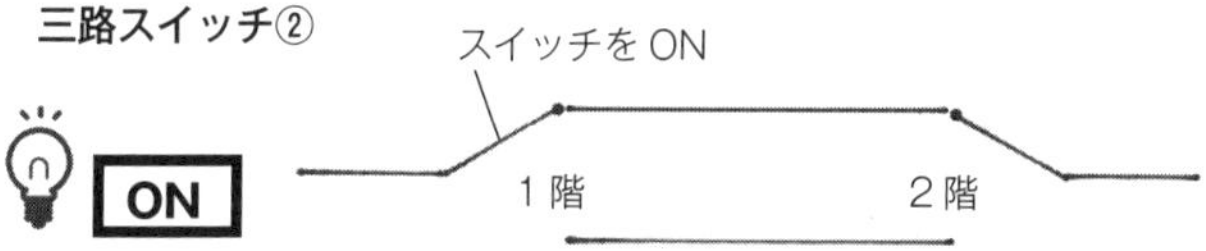

スイッチをON

| ON | 1階　　　2階 |

三路スイッチ③

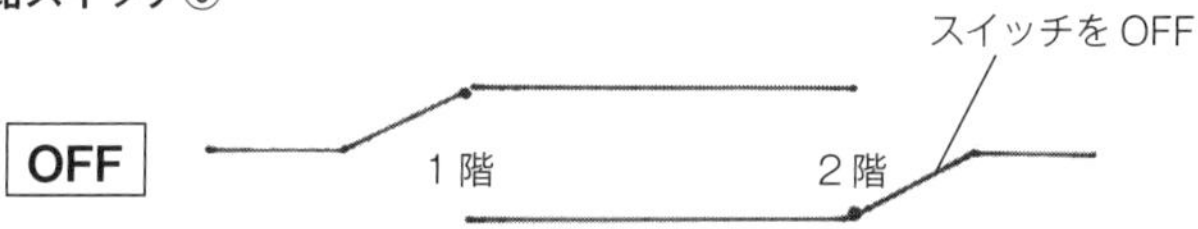

スイッチをOFF

| OFF | 1階　　　2階 |

たとえば、消えている電気の状態（①図）で1階側のスイッチを入れてみます（②図）。これで回路がつながっているのがわかります。次に2階に上がり、スイッチを切ってみます（③図）。

いかがでしょうか。これが三路スイッチのしくみです。[1]

---

[1] 普通のスイッチにはONとOFFがわかるように目印がついていますが、この三路スイッチには目印がないのも特徴です。

● **家庭で恐いショート回路**

普通、回路には＋極と－極の間に電球やモーターなどがありますが、これらがなく、**＋極と－極を直接つなぐことをショート回路**といいます。*2 ショート回路には、非常に強い電流が流れます。

ショート回路のイメージ

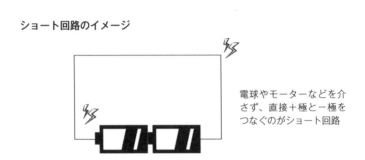

電球やモーターなどを介さず、直接＋極と－極をつなぐのがショート回路

たとえば、乾電池の＋極と－極を導線で直接つないでもショート回路になり、**強い電流が流れ続けるので、乾電池や導線が熱くなります**。直接手で持っていると火傷をしたり、乾電池が破裂することもあります。

家庭のコンセントの電圧（100ボルト）は乾電池の電圧（1.5ボルト）の約66倍もありますから、さらに激しいことがおこります。火花が飛んだり、電気コード（導線）が融け出したり、被覆が燃え上がったりします。火事になったり、感電して最悪では命を失うこともあります。

電気コードは電流が流れにくい絶縁体のビニルなどで金属（銅）をおおっていますが、これもショート回路にならないようにする

---

*2 「ショート」とは、日本語で「短絡」を意味し、電源のプラスとマイナスを電球やモーターなどの抵抗なしに直接つなぐことをいいます。そのようにつながれた回路を「ショート回路」といい、その際に過大な電流が流れることを「ショートする」といいます。

ためです。もし金属がむき出しの電気コードだったら、間に金属がはさまるとショート回路になってしまうからです。

電気器具は、電流が流れる部分以外は絶縁体でおおってショート回路になりにくくしています。しかし、電気コードの絶縁が劣化したり、破壊されたりするとショート回路になりやすいです。

ショート回路を防ぐためには、次のことに注意しましょう。

① 電気コードを束ねたり、たこ足配線をしない

② 電気コードを家具などの下敷きにならないようにする

③ クギやステップルで電気コードを打ちつけしない

④ コンセントからプラグを抜くときは必ずプラグ本体を持って抜きコードを引っ張らない

● **製品の電源が入っていなくてもおこるトラッキング現象**

トラッキング現象とは、コンセントに差しっぱなしのプラグにたまったほこりに湿気などの水分が付着し、電気が流れ、そして炎が発生するという現象のことです。これの厄介なところは、**電気製品を使用していなくても、電源がOFFであっても、コンセントにプラグが差さっているだけで発生する**ことです。

トラッキング現象を防ぐためには、次のことに注意しましょう。

① 使用しないときはコンセントからプラグを抜く

② 冷蔵庫などの差しっぱなしのプラグは時々点検してほこりをふき取る

③ たんすの裏などの見えない場所のコンセントを見つけて時々掃除する

④ トラッキング防止加工された電気コードや、プラグにほこりがたまらないカバーなどを使用する

28 パソコンに必ずついてるUSBって何?

最近、専用の充電器を使わずに、USBを利用して充電する機器が身のまわりに増えてきました。USBとは何か、またその特性や注意点などを見てみましょう。

● 便利に使えるUSB規格

30数年前まで、キーボードやマウス、プリンター、スキャナなどの機器は別々の規格でパソコンに接続されていました。操作もちがい面倒なものでした。そこで、多数の機器をひとつの規格でパソコンに接続するためにつくられた規格が**USB(Universal Serial Bus)**です。

USB規格のおかげで、キーボードやマウスなど周辺機器を多数接続することが可能になり、同時に電源も供給できるなど便利になりました。初心者の人でも使いやすいこともあり、今ではさまざまな製品に使われています。

● USBポートによって充電する時間が変わる

USBの充電速度にはちがいがあります。[1]

現在使われている**USBの電圧は5.0ボルト**と決まっています。つまり電圧が決まっているということは、電流がたくさん流れると充電時間が短くなり、電流が少ししか流れないと充電時間が長くなることになります。ちょうど、水道の蛇口から勢いよく

---

[1] 電池に電気エネルギーをためることを「充電」といいます。その電気エネルギーは、「電圧×電流×充電時間」の式で表されます。

水が流れ出ていれば、バケツに水はすぐにたまりますが、水の出が悪いとたまるまで時間がかかるのと同じです。

パソコンの USB ポートで流せる電流は規格で決まっています。「USB 2.0」は 500 ミリアンペア（0.5 アンペア）、絶縁体が青色の「USB 3.0」は 900 ミリアンペア（0.9 アンペア）までです。

つまり、青い色の USB ポートを使用したほうが早く充電できることになります。[*2]

USB 2.0

規格策定　　　　　　　　2000 年
電力供給能力　　　　　　500 mA（5V）
端子の色　　　　　　　　黒または白
データ転送速度（理論値）480Mbps

USB 3.0

規格策定　　　　　　　　2008 年
電力供給能力　　　　　　900 mA（5V）
端子の色　　　　　　　　青
データ転送速度（理論値）5000Mbps
　　　　　　　　　　　　（5Gbps）

● USB ハブを使うと充電時間が短くなる？

USB ポートの数を増やすために使う USB ハブには、パソコンから電気をもらう**バスパワー式**と、AC アダプターから電気をもらう**セルフパワー式**の 2 種類があります。2 アンペア出力のポートがあるセルフパワー式の USB ハブであれば、タブレットの充電やスマホの急速充電もすることができます。

しかし、バスパワー式の USB ハブはパソコンから電気をもら

[*2] 最近では転送速度や充電速度がさらに早い「USB 3.1」が発売になっています。USB 3.1 では、機器どうしが通信し対応できる電圧と電流をきちんと確認して、5V 2A から 20V 5A まで段階的に電圧と電流を引き上げる仕様となっています。これは最大で、USB 3.0 の約 22 倍早く充電できる規格です。

っているので、充電時間は短くなりません。逆に、たくさん機器をつなぐことで、供給できる電流が減って充電に時間がかかることもあります。[*3]

パソコンにつながず、直接コンセントにさして使用するUSB充電器を使用する場合は、充電器の「出力5V/2.5A」といった表記に注目しましょう。

機種によってちがいますが、スマホの充電で0.9アンペア以上(急速充電1.8アンペア以上)、タブレットの充電で2.0アンペア以上あれば、快適に充電できます。ただし、粗悪な製品による、火災や感電事故もおきているので注意が必要です。

● 大活躍のUSBメモリ

記憶容量が大きく、転送速度が速く、値段が安くなったUSBメモリは、さまざまな使われ方がされています。特性をよく知って活用するようにしましょう。

- **本来の使い方であるファイルの保存**
- **データの受け渡しの際の媒体**

  使用するコンピュータをあまり気にすることなくデータの受け渡しができます。

- **パソコンのデータのバックアップ**

  パソコンが壊れた時に備えてデータを一時的にバックアップしておくことができます。さらに、家と職場というようにちがう場所で仕事をするときに、それぞれのパソコンに入っているデータを同期して最新の状態に保つUSBソフトもあり

[*3] バスパワー式は、マウスやテンキーなど、消費電力の小さい機器の接続に向いています。

ます。
- **パソコンの処理速度の向上**

    パソコンは、ハードディスクの空き容量が少なくなると処理スピードが遅くなります。画像や映像ファイルを USB メモリに移して空きを増やし処理速度を向上させることができます。

- **使用するソフトを USB メモリにインストール**

    パソコンにインストールしなくても、USB に保存して使用できるソフトが開発されています。出先でパソコンを借りて、Office ファイルを閲覧・編集することもできます。

- **重要なファイルの暗号化**

    暗号化ソフトを使って重要ファイルを暗号化することもできます。また、普通に保存するだけで暗号化され、パソコンから外せばパスワードで保護される USB メモリもあります。

一方で USB メモリには、次のような弱点もあります。[4]

- **フラッシュメモリの寿命**

    USB メモリに使われているフラッシュメモリには寿命があります。使えば使うほど寿命が短くなり、長期保存には向きません。また、使わないでいると、電池の自然放電のように部分的にデータが消えることがあります。

- **正しく取り外すこと**

    USB メモリを正しくパソコンから取り外さないと、USB メモリに保存したデータが破損することがあります。

---

[4] ここであげた以外にも、ウイルスに感染したパソコンに USB メモリを接続しただけでウイルス感染することがあったり、データの紛失や流失といった事故もおきています。注意しましょう。

29 蛍光灯が光るしくみはオーロラと同じ？

身のまわりにはLED電球が増えてきたとはいえ、まだまだ蛍光灯はなじみ深いですね。その蛍光灯が光るしくみと、オーロラが輝くしくみは同じといったら驚かれるでしょうか。

● 蛍光灯はどうやって光っている？

蛍光灯は円筒形のガラス管で、両端に電極がついています。

このガラス管の中には、アルゴン[*1]などの貴ガス[*2]とわずかな水銀が入れてあります。また、ガラス管の内壁には蛍光物質がぬられています。蛍光灯が白っぽく見えるのは、この蛍光物質がぬられているからです。

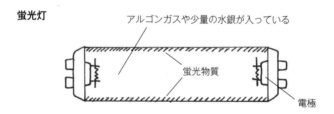

蛍光灯

蛍光灯のスイッチを入れると、電極に高い電圧がかかり、電極から電子が飛び出します。するとまず、アルゴンガスの原子に電子が衝突して熱が発生し、水銀が蒸気になります。ガラス管の中ではバラバラになった水銀原子が飛びかうことになります。

[*1] アルゴンは窒素、酸素に次いで3番目に多く大気中に存在する気体です。
[*2] 貴ガスとは周期表第18族に属する元素の総称。アルゴンのほかに、ヘリウム、ネオン、クリプトン、キセノン、ラドンがあり、希ガス、不活性ガスともよばれます。

そのときの水銀原子は安定したエネルギー状態（基底状態）にありますが、電子が高速でぶつかってくることで、電子からエネルギーをもらって高いエネルギー状態（励起状態）になります。

その高いエネルギー状態（不安定な励起状態）から、ふたたび安定した基底状態に戻る際に、電子からもらったエネルギー分を紫外線という光のエネルギーで外に出すのです。

光を発する原理

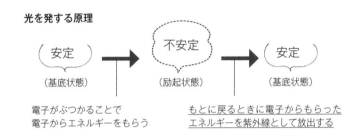

飛び出した紫外線は、人の目には見えません。しかし、**紫外線が蛍光物質にぶつかることで、人の目に見える光（可視光といいます）になり蛍光管の外側に放射されます**。これが蛍光灯が光るしくみです。

蛍光灯の中でおきていること

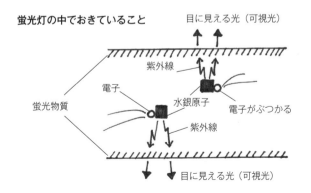

● **蛍光灯とオーロラが同じってどういうこと？**

北極や南極に近い地域で夜空に見られる美しい発光現象が「オーロラ」です。このオーロラは蛍光灯が光るしくみと似ています。

オーロラは太陽から運ばれてくる太陽風（高エネルギー粒子）が原因で発生します。

この高エネルギー粒子が地球の大気にぶつかると、大気中の窒素分子や酸素原子にエネルギーを与えます。つまり、大気中の分子や原子が「励起状態」になるのです。それが元の状態（基底状態）に戻るときに、緑や赤の光を発します。

これはまさに、蛍光管の中で電子が水銀原子にぶつかって励起状態になり、基底状態に戻るときに紫外線を発することと同じです。

オーロラが光るしくみ

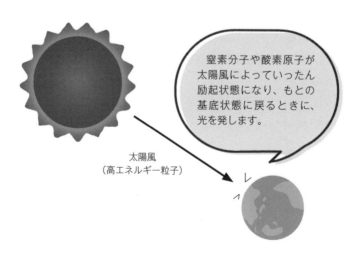

太陽風
（高エネルギー粒子）

窒素分子や酸素原子が太陽風によっていったん励起状態になり、もとの基底状態に戻るときに、光を発します。

第4章 『家電・明かり・光』にあふれる科学

● 電気のまわりに虫が集まってくる理由

夏の夜に窓を開け放していると、部屋の明かりをたよりにたくさんの虫が入ってきて大変ですよね。どうして虫は部屋の中に入ってくるのでしょうか。

先ほど説明したように、蛍光灯はまず紫外線を発生させて、それを可視光線に変えているため、紫外線の一部は蛍光管からもれ出ています。虫は、光（とくに紫外線）や熱に向かってくる性質があるため、蛍光灯の明かりは虫を寄せつけてしまうというわけです。

一方でLEDは、青色LEDと黄色の蛍光体で白色もどき（疑似白色）をつくっているものが多いので、蛍光灯に比べて紫外線の量がずっと少ないです。紫外線をほとんど出さないLEDの光は、虫にとっては暗く感じるようです。そのためLEDにするとあまり虫は寄ってきません。[*3]

光の波長と紫外線

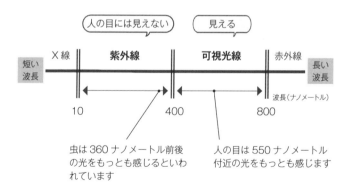

*3 夏のやっかいな虫の代表であるカ（蚊）は、紫外線ではなく二酸化炭素をたよりに人に近づいてきます。そのためLED電球にしても効果はないでしょう。

30 暗くても光る「蓄光塗料」はどんなしくみなの?

明かりを消してもしばらくの間光っている「蓄光塗料」。暗闇の中でスイッチのありかや非常口を示したりできます。電源がなくても光る蓄光塗料はどんなしくみで光っているのでしょうか。

●「蛍光物質」と「蓄光物質」はちがう

鮮やかな色を発する蛍光ペンを使っている人は多いでしょう。このほかにも蛍光灯、プラズマディスプレイなどに使われている**「蛍光物質」**は、光をあてると鮮やかに光ります。これらの蛍光物質は、光をあてると光る特徴があります

よくお化け屋敷など暗い部屋で蛍光物質が光っていることがありますが、これは紫外線などの私たちの目には見えない光があたっているからそう見えるだけです。**蛍光物質がみずから光っているわけではありません**。

一方で、避難誘導標識などに使われている**「蓄光物質」**は、光を消した後も光っています。蓄光物質は、**光があたらなくても、みずから光るのが蛍光物質とちがうところ**です。

ただし、光るしくみは両者とも似ています。どんなしくみになっているか見てみましょう。

● 蛍光物質が「光」を発する原理

蛍光物質が安定した状態(基底(きてい)状態)にあるところに光があたると、蛍光物質は光からエネルギーをもらって高いエネルギー状態(励起(れいき)状態)になります。不安定な高いエネルギー状態(励起状態)になったものは、じきにまた、もとの安定な状態(基底状態)に戻ります。そのときに、蛍光物質や蓄光物質は「光」という形でエネルギーを出します。

蛍光物質が光るしくみのイメージ

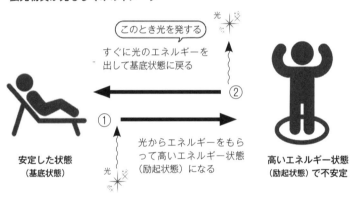

目に見える光(可視光線)だけでなく、可視光線より波長が短く、エネルギーが強い紫外線をあてたときでも、蛍光物質は高いエネルギー状態(励起状態)になります。そして、そこから安定した基底状態に戻るときには、先ほどと同じように目に見える光が出てきます。目に見えない紫外線をあてたときでも光って見えるのはそのためです。

● **すぐには安定にならない蓄光物質**

先ほど説明したとおり、蛍光物質は励起状態から光を出してすぐに安定状態に戻ります。そのため、光をあてるのをやめると、光らなくなります。

一方で蓄光物質は、不安定な励起状態から少し安定な状態（この状態を「励起三重項状態」といいます）になって、そこから、安定な基底状態に戻ります。すぐには安定状態に戻らないのです。

つまり、光をあてるのをやめても励起三重項状態から徐々に光を出して基底状態に戻り続けるため、蓄光物質が光り続けるというわけです。まるで、光をためているように見えるのはそのためです。[*1]

蓄光物質が光るしくみのイメージ

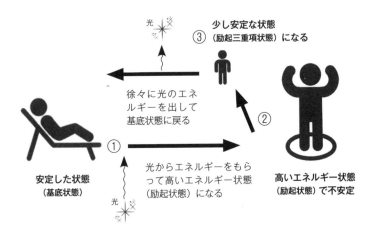

*1　蓄光は「燐光（りんこう）」ともよばれます。

第4章 『家電・明かり・光』にあふれる科学

● 今は使われなくなった夜光塗料

かつて、時計の針や文字盤など身近な製品には**「夜光塗料」**が使われていました。夜光塗料は、光をあてなくても一晩中光っていました。どのようなしくみで光っていたのでしょう。

19世紀も終わろうとしているころ、ラジウムなどの放射性物質が発見されました。放射性物質は放射線を出し続けます。この放射性物質を蛍光物質に混ぜることで、放射線が蛍光物質にあたり半永久的に光り続けることができたというわけです。これが夜光塗料のからくりです。*2

この時代には、放射性物質の人体に対する危険性はまだ知られていませんでした。そのため、時計工場での夜光塗料による被ばく事故もおきました。女子工員が、夜光時計の文字盤をラジウム入りの塗料をつけて筆で描いていました。そのとき筆を口先で整えていたために、ラジウムが体内に入り、骨のまわりにできるがんになったのです。

放射線の安全性が問われるようになると、より安全なプロメチウム化合物やトリチウムを使った夜光塗料が開発されました。しかし、これらも放射性物質を使っていることに変わりはありません。

日本では1993年に、従来のものより長く、明るく発光し続ける蓄光塗料が開発されると、夜光塗料は使われなくなりました。

---

*2 ラジウムを使った時計は1960年ごろまで製造されていました。ラジウムが放出するα波の放射線は紙一枚で防げるレベルのもので、使用者に影響はないとされています。

31 LED電球は蛍光灯の何個分長持ちする?

国際条約の締結や国の成長戦略など、蛍光灯にとっては「逆風」ともいえる状況が続いています。LEDもどんどん普及しています。LEDと蛍光灯のちがいを確認しましょう。

● すべての蛍光灯には水銀が封入されている

2013年10月に熊本県で開催された国連環境計画(UNEP)の外交会議で、水銀汚染防止に向けた国際的な水銀規制に関する**「水俣条約」**が採択されました。[*1]

前項で説明したとおり、蛍光灯には水銀が使われています。そのため、蛍光灯はこの条約の規制を受けます。

たとえば、30ワット以下の一般照明用コンパクト蛍光ランプ(電球形蛍光ランプもふくむ)で、水銀封入量が5ミリグラムを超えるものは、製造や輸出入が禁止されます。

しかし日本のメーカーは、ほとんどの蛍光ランプが規制値以下なので、引き続き製造・販売が可能です。

水俣病の原因となり、危険なイメージの強い水銀ですが、蛍光ランプに使われる水銀は「金属水銀」といい、水俣病をひきおこした「有機水銀」とはちがうものです。

いずれにせよ蛍光ランプの使用にあたって、水銀にかわる代替物質は見つかっていないのが現状です。**蛍光ランプの中にはすべてに水銀が入っている**のです。

[*1] 2017年に発効した国際条約で、正式名称は「水銀に関する水俣条約」です。条約の名称には、日本政府の提案により、「水俣病のような被害を二度とくり返してはならない」との思いをこめて「水俣」の文字が加えられました。

● 蛍光灯は製造中止になる？

政府の方針である「新成長戦略」や「エネルギー基本計画」、そして日本照明工業会の「照明成長戦略2020」の発表を受けて、「2020年には実質的にLED以外は製造中止になるのではないか」と報じられました。[*2]

この報道では誤解が生じやすかったため、その後「蛍光灯や白熱灯が製造中止・生産中止になるわけではない」と、日本照明工業会からの補足説明がありました。

しかし、2019年3月には一部の蛍光灯照明器具の生産を完全に終了すると発表した大手メーカーもあります。今後、**蛍光灯の製造量は確実に減少していく**と考えられています。

● 蛍光灯とLEDのちがい

蛍光灯にかわる照明として広く普及してきたのがLED照明です。

LEDは蛍光灯よりも寿命が長く、蛍光灯の定格寿命が約8000時間なのに対し、LEDの寿命は約4万時間です。定格寿命とは規定条件で試験したときの平均寿命値で、LEDのほうが寿命は5倍長く、単純計算で**蛍光灯5本分の時間使用できる**ということです。

蛍光灯　　　　　　　　LED

---

*2 LEDは「Light Emitting Diode」の略で、日本語では「発光ダイオード」といいます。電圧を加えると発光する半導体素子です。

LEDの価格が高いのは、材料のガリウムの供給や価格が安定していないのと、製造方法が特殊なためです。また、蛍光灯に比べて部品の数や工数（手間）も多いので、生産コストが高くなっています。近年普及が進んで価格は徐々に下がっていますが、それでも蛍光灯並の価格まで下がることはないと予想されています。

白熱灯100W相当の明るさで比較した差のイメージ

・電球	白熱灯	電球型蛍光灯	LED
・消費電力	100W	22W	17W
・寿命	1000時間	8000時間	40000時間
・24時間の電気代	53円	12円	9円

● LEDに交換する際の注意点

　照明器具は毎日使うものですので、LED電球を選んだほうが長期的にはお得になります。[*3] 現在使っている蛍光灯が黒ずんだり、点滅したり、消えやすくなったら、交換のタイミングです。
　その際に注意したいのが**混用はしない**ということです。
　ひとつの照明器具に複数の電球が必要な場合に蛍光灯とLED電球を混用すると、消費電力のちがいもあってLED電球の寿命が短くなる可能性が出てきます。交換する際は思い切ってまとめておこなうことをおすすめします。

[*3] LEDと蛍光灯の消費電力の差は、実はそれほど大きくありません。ただ、毎日の使用でその差はどんどん蓄積していくことになります。

第4章 『家電・明かり・光』にあふれる科学

32 なぜ空は青く、夕日は赤いの?

青空を見上げるのは気持ちいいものですし、初日の出や大きな夕焼けも美しいですね。ところで、なぜ空は青いのか、また夕焼けは赤いのか、考えたことはありますか?

● 空が青く見えるわけ

空が青いのは、**太陽の光が大気中の窒素分子や酸素分子、そしてそれらの分子集団のゆらぎで散乱させられるから**です。

光は、波長が短いほど散乱されやすくなります。そのため、青色や紫色の光ほど四方八方に散乱されやすいことになります。

空を見上げるとその散乱光の一部が私たちの目に入ってくるので青色に見えるのです。

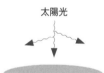

太陽の光が大気中の分子集団のゆらぎで散乱させられて青く見える。

※波長が短い青色や紫色は四方八方に散乱されやすい

一方、**日の出・日の入りのときは、太陽は私たちから見て地面すれすれに位置し、光は大気中を長距離通るので、散乱されずに残った光が私たちの目に届きます**。青色や紫色とちがって、赤色やオレンジ色の光は波長が長く、散乱されにくいのです。

太陽の光が長距離通って、散乱されずに残った光が目に届く。

太陽光 →

※波長が長い赤色やオレンジ色は散乱されにくい

● **海が青く見えるわけ**

空の色が青色なのは、光を散乱する微粒子や分子集団のゆらぎが存在していました。では、海の場合はどうでしょうか。よく「海の色が青いのは空の色が青い理由と同じである」という説明がありますが、それは誤りです。大気と同じように水分子の散乱によって青色に見えるわけではありません。

実は、水分子は赤色付近の光を吸収しているのです。

実験の結果によると、赤色を中心[*1]に吸収が観測されます。水の中を光が通り、その距離が長くなればなるほど赤色がなくなっていきます。

赤色が吸収されると、残りの光は青色になります（補色の関係）。その残りの光が水の中のごみやプランクトンといった物質に散乱されて、私たちの目に届きます。

つまり、海が青く見えるのは、赤色が吸収されて青色が残った透過光が、水の中の物質に散乱されて目に届くから、というわけです。

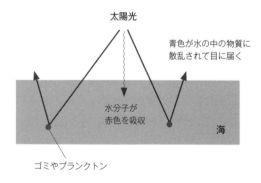

[*1] 760ナノメートル、660ナノメートル、605ナノメートル。

第5章
『快適生活』
にあふれる科学

33 形状記憶ブラのしくみはどうなっている？

板にクギを打っていて失敗したら、元に戻すのは大変ですね。ところが温めるだけで元に戻る金属があります。「形状記憶ブラ」はこの原理を応用しています。

● 曲げても戻る「形状記憶合金ワイヤー」

形状記憶合金でできたU形のワイヤーを、手でのばしてみましょう。普通の金属のワイヤーならこれをU形に戻すのは大変ですが、形状記憶合金ならお湯に入れるなどして温めれば簡単に元の形に戻ります。

● 戦闘機からブラジャーへ

1963年、米国海軍でニッケルとチタンの合金で形状記憶効果が発見されました。

1970年代にはその利用についての研究が始まり、形状記憶合金のパイプの継ぎ手が開発されました。切断した2本のパイプを、それよりも口径の大きな形状記憶合金のパイプにつなぎます。そして温度を上げると、外側の形状記憶合金だけが縮んでしっかりと締めつけられます。ねじ止めなどを使わないシンプルな構造の配管が実現し、米軍のF-14戦闘機の油圧管として初めて実用化されました。

1980年代、日本では形状記憶合金のワイヤーを使ったブラジ

ャーが登場し、ハイテク下着として話題になりました。

洗濯などでワイヤーがゆがんでも、胸につけると体温で元の形に戻るというわけです。現在では、工業分野、エネルギー分野、医療分野などにも広く応用されています。

● 形状記憶合金のしくみ

普通の金属や合金が変型しても元には戻りません。それは、内部の原子どうしのつながりが切れたり、他の原子とつながってしまうためです。元の形に戻るためには、少々の力を加えて変形しても、原子どうしのつながりが維持できる余裕のある構造になっていることが必要です。つまり形状記憶合金は、原子どうしのつながりに余裕のある構造だから変型できるということです。

たとえば、形状記憶合金の主流であるチタンとニッケルをほぼ1：1の割合にした合金では、この割合を少し変えるだけで、**形が元に戻る温度（転移温度）を10数℃～100℃くらいまで上下させることができます**。

かりに転移温度が35℃の場合は、35℃以上で目的の形（最初の形）にします。これを35℃未満に冷やすと、原子のつながりを維持したままで簡単に形を変えることができます。

しかし温度を上げて、また転移温度の35℃以上になると最初の形に戻ります。つまりこの場合は、35℃より低い温度で変形しても、体温で温めれば元の形に戻すことができるわけです。

形状記憶合金の原子のつながり（イメージ）

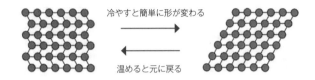

● 超弾性

　形状記憶合金が転移温度以上のとき、つまり最初の形に戻った状態で、力を加えて変形させても、力を加えるのをやめると元の形に戻ります。原子どうしはつながったままで原子間には余裕があり、弾力性があるからです。他の金属では真似できないこの性質から、**超弾性合金**ともよばれています。

● 形状記憶合金の利用例

　身近にあるもので形状記憶合金を利用している例を見てみましょう。

・メガネ

　メガネフレームのブリッジやツルの部分に使えば、しなやかで型崩れしにくく、変形しても元に戻るようになります。軽量なので、快適なフィット感が持続します。

・歯列矯正

　日本人は顎（あご）が小さいため歯列がデコボコの場合が多いので、ま

ずは細くてしなやかな形状記憶合金のワイヤーを使用します。そして矯正治療を進めながら太いワイヤーに換えていきます。

・エアコン

吹き出し口では、形状記憶バネが風向きを切り替えます。温風のときには下向きに、冷風の時ときは上向きになるように調整されています。

・コーヒーメーカー

蒸気に反応するバネの形状記憶効果によって、お湯が流れ出す部分の弁が開きます。お湯が十分に沸いてからドリップが始まるようになっているのです。

・電気炊飯器

圧力弁の形状記憶バネが、炊飯中の蒸気に反応して弁を開きます。蒸気の排出によって、炊飯器の中の圧力を調整します。ご飯が炊きあがり、蒸気の排出の勢いが弱まると、今度は保温のために弁が閉じます。

・火災報知器

火災がおきたときの熱を、形状記憶合金のセンサーで感知します。また、スプリンクラーのヘッド部分のセンサーにも使われ、一定の温度以上になったときに作動するように設定されています。

34 形態安定シャツは普通のシャツと何がちがうの？

ワイシャツのアイロンがけは何かと面倒なものですが、形態安定シャツはアイロンなしで着られるものもあり便利ですね。近年どんどん進化している繊維のしくみを見てみましょう。

● 形態安定シャツの特徴

洗濯をしてもシワや縮みがなくアイロンがけが不要な、「防シワ・防縮加工」がされたシャツを、**形態安定シャツ**といいます。

1993年に日本で初めて発売された形態安定シャツは、SSP（Super Soft Peach Phase）という加工法で形態を安定させたものです。[*1]

現在は「形態安定」「形状記憶」「ノンアイロン」「イージーケア」などとよばれるものを、まとめて形態安定といっています。それぞれの加工の特徴によって効果や価格も異なるので、必要な場面に合わせて、適したものを選ぶといいでしょう。

	特徴	持続性	シワ
形態安定	生地をスチームで加工	洗濯50回ほど	できにくい ↑
形状記憶	部分的な折り目を固定	半永久	
ノンアイロン	加工天然素材を使用	素材による	↓
イージーケア	汚れ防止や防シワなどお手入れを簡略化	素材による	できやすい

[*1] SSP加工法は、生地を液体アンモニアと樹脂で加工して縫製し、その後、高温で熱処理（ポストキュアー）をすることによって形態を安定させます。

● 形態安定シャツのしくみ

普通の綿繊維は、小さな細長い分子どうしの弱い結びつきで繊維の形を保っています。そのため、洗濯などで水を吸うと、結びつきがほどけて、分子がばらばらになります。しわのついたまま乾かすと、その形で分子がふたたび結びついて固定されてしまうので、しわが残ります。

一方、形態安定加工した繊維は、分子どうしがしっかりと結びついてしわを防いでいます。薬品によって分子の間に橋を架けるような化学反応をおこさせるのです。[*2] また、形態安定加工には縮まらなくなる効果もあり、さらに、折り目をつけてから加工すれば、その形も保たれるという特徴もあります。[*3]

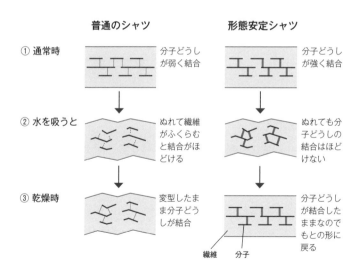

[*2] この化学反応のことを「架橋結合」といいます。
[*3] 最近はほとんどのワイシャツが形態安定加工されており、ワイシャツのほかにも、ブラウスや、作業着、帽子、ハンカチなどに広がっています。

● **さまざまな繊維の開発**

1883年、英国で**ニトロセルロース繊維**がつくられ、人造絹糸と名づけられました。これまで人類が何千年と着用していた天然繊維とはちがう、化学繊維の誕生です。

1938年には米国の化学会社で**ナイロン**が発明されました。[*4]当時は「石炭と空気と水からつくられる、クモの糸より細く、鋼鉄より強く、絹よりも美しい繊維」といわれ、夢の繊維として利用されてきました。

さらには、異なる繊維を組み合わせる技術の開発や、さまざまな加工技術も進みました。プリーツ加工や先ほど紹介した形態安定シャツの登場、吸湿、発熱、放湿、消臭、静電気防止など、さまざまな特徴のある機能性新素材の繊維も身近に増えています。

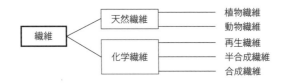

● **混紡繊維の工夫**

衣類についている品質表示のタグを見ると「綿70％・ポリエステル[*5] 30％」などと書かれていることがあります。これを**混紡繊維**といいます。異なる繊維を組み合わせることで、それぞれの特徴を活かした生地となります。なかでも多いのが、「綿（コットン）とポリエステル」「羊毛（ウール）とアクリル」など、天然繊維と化学繊維の組み合わせです。

---

*4　ナイロンは合成繊維のひとつで、ポリアミド合成樹脂の種類です。開発したのは、デュポン社（米国）です。絹に似た素材で、ポリエステルに比べて吸水性が高いのが特徴です。
*5　ポリエステルは合成繊維のひとつで、生産量がもっとも多い化学繊維です。羊毛の代用品として開発され耐久性が高いのが特徴です。

綿とポリエステル

<綿>　　　　　　　　吸水性が高い　＋　シワになりやすい

<ポリエステル>　　　吸水性がない　＋　シワになりにくい

<綿＋ポリエステル>　吸水性が高く　＋　シワになりにくい

羊毛とアクリル

<羊毛>　　　　　　　保温性が高い　＋　価格が高い

<アクリル>　　　　　耐久性が高い　＋　価格が安い

<羊毛＋アクリル>　　保温性が高い　＋　耐久性が高い　＋　価格が安い

● 表と裏と

　表糸と裏糸がそれぞれ天然繊維と化学繊維でつくられた素材でできた衣類も、増えています。

　裏糸としてナイロン・ポリエステル・ポリウレタン[*6]などの化学繊維が使われる場合も、品質表示のタグには、「表糸絹100%」「裏糸綿100%」「総合混率70〜85%」などと書かれています。

　表がポリエステル、裏が綿の場合の長所は「軽い・速乾性がある・縮みにくい・色落ちしにくい・吸汗性がある・肌の接地面の肌触りがよい」などで、短所は「他の素材に比べて生地の生産工程が多いため高価になる」といったことです。

[*6] ポリウレタンは合成繊維のひとつで、ゴムのように伸縮性が高いことが特徴です。他の繊維と組み合わせて使用されることが多いです。

35 静電気は服の組み合わせしだいで軽減できる？

冬になると悩ましいのがバチッとなる静電気ですね。この静電気は服の組み合わせによって、おこりやすくなったり軽減できたりします。繊維の特徴とともに見てみましょう。

● 繊維の約40%は「綿」

繊維は、天然繊維と化学繊維に分けられ、さらに細かく「植物繊維」「動物繊維」「再生繊維」「半合成繊維」「合成繊維」の5種類に分類されます。

植物繊維のひとつの綿は、綿花の種子をくるむ綿毛からつくられ、5000年以上前から使われています。日本には平安時代に伝わったといわれ、もっとも親しみのある繊維です。下着、Tシャツ、カットソー、ジーンズ、コットンパンツなど、**日本の衣料用繊維は約40%**が綿でできています。ただ、日ごろからよく使う身近な綿のなかにも、長所と短所があります

線維の種類

天然繊維	植物繊維	植物の実や茎からつくられる	綿、麻など
	動物繊維	動物の毛や蚕のまゆからつくられる	羊毛、絹など
化学繊維	再生繊維	木材パルプやペットボトルなどを化学処理してつくられる	レーヨン、キュプラなど
	半合成繊維	再生繊維や合成繊維の中間的なセルロースなどの高分子物質を化学処理してつくられる	トリアセテート、アセテートなど
	合成繊維	石油や石炭などを科学的に合成してつくられる	ポリエステル、ポリウレタン、ナイロンなど

● 綿の長所と短所

　綿の長所は、「汗の吸収性にすぐれている」「静電気がおきにくい」「肌触りがなめらか」「夏は涼しく冬は暖かい」といったところが挙げれます。一方「汗が乾きにくい」「洗濯をくり返すと硬くなる」といった短所は、衛生やストレスなどの面で、体に悪い場合もあります。

　たとえば、スポーツや登山などの際に身につける衣類で大切なのは、吸汗性と速乾性です。汗を大量にかくことにより体温が奪われ低体温症をひきおこす原因になるだけでなく、ベタベタとした不快感は精神的な摩耗にもつながります。その点では、綿でできた衣類は、**「汗の吸収性にすぐれている」ことは役立ちますが、「汗が乾きにくい」のが難点**です。

　また、肌の弱い人や皮ふ炎の症状がある人には、この「汗が乾きにくい」という特徴のために、菌が増殖するなどの不衛生な環境をつくり、肌のトラブルの原因や悪化につながる可能性もあります。さらに「洗濯をくり返すと硬くなる」ので、肌触りや皮ふへの刺激も心配されます。

● 静電気と服の組み合わせ

　冬は静電気が不快で悩ましいものです。繊維どうしがすり合わさっておきる静電気は、その電気量が3000〜3万ボルトにもなり、ガソリンスタンドでの給油の際には、気化したガソリンに引火する可能性すらあります。

　冬に静電気がよくおきるのは、空気が乾燥していて、体にたま

った電気が逃げにくいからです。

天然繊維は電気を通しやすいので、化学繊維よりも静電気はおきにくいです。しかし、**天然繊維のウールのセーターを、化学繊維のアクリルやポリエステルなどの服に重ねて着ると、もっとも静電気がおきやすい**組み合わせとなってしまいます。

静電気を防ぐためには、「天然素材と組み合わせる」「同じ電気的性質の素材で組み合わせる」ことが必要です。

たとえば、冬に欠かせないウール（＋）は、天然素材（＋）のものと組み合わせることで、静電気防止と同時に肌にあたるチクチク感も防げます。

また、ポリエステル（－）のフリースと綿（＋）のシャツは、マイナスとプラスの組み合わせですが、綿（＋）は帯電しにくいので、静電気の発生を抑制できます。

「帯電のしやすさ」は線維の種類によってちがう

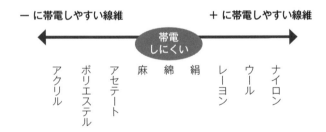

第 5 章 『快適生活』にあふれる科学

36 使い捨てカイロはどうやって熱が出るの?

寒い季節に大活躍するのが使い捨てカイロですね。電気もガスも火も使わず、袋から出すだけで長時間ポカポカするカイロは、どんなしくみで熱を出しているのでしょうか。

● わが国の商品が大ヒット

現在の鉄粉主体の使い捨てカイロは、もともと **1950 年代の朝鮮戦争でアメリカ軍が水筒を容器にしたものがルーツ**です。寒い朝鮮半島で凍える足などを温めるために、水筒に鉄粉と食塩と水を入れて、それらの化学反応で出る熱を利用したのです。

これを参考に、1975 年にわが国で鉄粉などを使ったカイロが発売されました。しかしそれはあまり売れませんでした。世の中にこのカイロが定着したのは、1978 年に「ホカロン」という名の商品が販売されてからです。以後使い捨てカイロはまたたく間に普及し、いくつかの日用品メーカーも参入し、現在はアメリカや中国など海外にも多く輸出されています。

● 鉄さびができる化学反応がおこっている

使い捨てカイロは、袋をあけると温かくなってきますが、どんなしくみで熱が出るのでしょうか。

成分表示を見ると、鉄粉、食塩、活性炭が目につきます。メーカーによって多少のちがいはありますが、**鉄粉**と**食塩**は共通です。

主役は鉄粉です。使い終わったカイロを見ると、もともと黒っぽかった鉄粉が赤っぽくなっています。**鉄粉が酸素と水と結びついてさびた**のです。

この化学反応は、よく鉄と酸素が結びついて酸化鉄になっているとされていますが、実際はそんな単純ではありません。実はとても複雑な化学反応がおこっていて、**鉄と酸素と水が結びついている**のです。

カイロから熱が出るしくみ

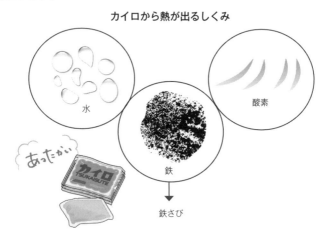

酸素は空気中の酸素を使います。カイロの外側のビニル袋は空気中の酸素を通さないようになっています。その袋を開けると、中に小さな穴がたくさん開いている袋が入っています。小さな穴は空気中の酸素を取り入れるためです。袋の中には鉄粉と水（食塩水）が一緒に入っていますが、そこに酸素も加わると、化学反応が進み、鉄さび[*1]ができ、熱が出るのです。

[*1] 主にオキシ水酸化鉄（FeOOH）です。

● 鉄の「赤さび」と「黒さび」って?

使い捨てカイロでは、主に鉄の赤さびができます。ということで、鉄のさびについて考えてみましょう。

鉄のさびには、大きく分けて**赤さび**と**黒さび**があります。

赤さびには、空気中の酸素と水分が大きく関係しています。

赤さびは、鉄と空気中の酸素や水分とが反応してできて、ガサガサしています。さびがこのガサガサ型の場合、金属表面にできたさびを通して内部にまで空気や水分にふれていきます。そのため、さびが内部まで進んでいき、ついには内部までボロボロになってしまいます。とりわけ食塩水や海水の中にある**塩化物イオン**（イオンになった塩素）が、ガサガサ型にするはたらきがあります。そのため食塩水につけたクギや、海が近い地域の自動車は、赤さびができやすくなります。

ところが、黒さびは赤さびと大きくちがうところがあります。

鉄を空気中で強く熱すると、表面に黒さびができます。このさびは、赤さびと違ってガサガサしていません。**とてもギッシリと詰まったきめの細かいさび**なのです。鉄びんや鉄のフライパンの底は、この黒さびでおおわれています。

表面がギッシリと黒さびにおおわれているので、それ以上空気中の酸素が鉄と触れ合うことができません。黒さびが表面を膜のようにおおって、内部を保護しているからです。

もし使い捨てカイロで、鉄と酸素から酸化鉄になる化学反応が

おこっているならば、それは黒さびですから化学反応がすぐにストップしてしまいます。できるのが主に赤さびなので化学反応が進みます。

たとえば、スチールウールに食塩水をかけておくと赤さびができ、火をつけてから息を強く吹きかけながら燃やすと黒さびになります。

● 砂鉄もすでにさびている

磁石を砂の中に入れると、磁石にくっついてくるつぶが「砂鉄」です。砂鉄は鉄粉ではなく、すでにさびた状態のものです。

なぜなら、もし鉄粉なら酸素や水があればさびるはずですが、砂場の砂鉄は空気と水にさらされても、そのままだからです。つまり砂鉄は、赤さびではなく黒さびと同じものということです。

● 低温やけどに注意

低温やけどは、体温より少し高めの温度（44℃～50℃）のものに長時間触れ続けることによっておきる火傷です。皮ふに紅斑や水泡など症状がおこります。[*2]

低温やけどを防ぐには、カイロを直接肌にあてて使わない、下着などの上からつけるかハンカチなどに包んで使用する、といった対策が必要です。熱すぎると感じたらすぐに外しましょう。

また、就寝中は異常に気がつきにくいので使わないようにします。布団の中で使うと、カイロに熱がこもって高温になる場合もあり危険です。

---

*2 接触部の温度が44℃なら約6時間で受傷します。長時間熱源に触れていることでおきる火傷のため、損傷が表皮より深い部分に達することも多く注意が必要です。

第5章 『快適生活』にあふれる科学

37 すぐに温かくなる駅弁のしくみはどうなっている?

> ひもを引くとシューッという音がして温まってくる駅弁がありますね。ガスも電気も使わずにどうやって温かくなるのでしょうか。

● けっこうある加熱式駅弁

一般社団法人日本鉄道構内営業中央会によると、駅弁のなかに「加熱式」というジャンルがあります。駅弁からとび出ているひもを引くと、すぐにシューッという音がして、湯気が出てきて温まる弁当です。5～10分待ってふたを開けると、中の紙にはうっすら蒸気がついています。まるでできたてのホカホカ弁当のできあがりです。

加熱式の駅弁には下記のようにいろいろな種類があります。

「あつあつとりめし(冬季限定商品)」
「大つぶ帆立と牛たん弁当」
「極 富士宮やきそば弁当」
「仙台たんとん弁当」
「蛤豚之助」
「てき重(加熱式)」
「花咲かに丼」
「Wで旨いカルビ丼」
「牛たん重はえぬき」
「ほかほか駅弁 鳥取牛弁当」

「岩手県産牛焼肉弁当」
「北海道産ホエー豚丼」
「極撰 炭火焼き牛たん弁当」
「伊達のぶた丼」
「岩手牛めし」
「雲丹めし」
「網焼き 牛たん」
「牛べこ」
「パワーアップすきやき弁当」

全19種類(2018年3月現在)

駅弁以外にもシウマイ弁当、容器の底を押すだけで手軽に燗酒(かんざけ)ができるお燗機能付きの日本酒などもあります。

● **発熱ユニットに秘密が**

加熱式駅弁の底には**発熱ユニット**があります。かつては発熱ユニットが分離しやすかったのですが、最近は安全性をより高めるために、発熱ユニットと中身の容器を一体化させており、簡単には取り出せないように工夫されているようです。かなりの高温になりますし、強いアルカリ性の物質ですから目にでも入ったら大変です。

発熱ユニットの中には、白い粉末と水袋が入っています。**ひもを引くことで水袋が破れ、水と白い粉末が一緒になると激しい化学反応をおこして発熱します**。

白い粉末は酸化カルシウム（生石灰）という物質です。

酸化カルシウムと水が化学反応をおこすと、熱を出しながら水酸化カルシウム（消石灰）[*1]になります。これによって弁当を温めるのです。

水 ＋ 酸化カルシウム（生石灰） ⟶ 水酸化カルシウム（消石灰） ＋ 熱

[*1] この水酸化カルシウム（消石灰）の水溶液が石灰水です。石灰水に二酸化炭素を吹きこむと白い沈殿ができますが、この沈殿物は石灰石と同じ炭酸カルシウムです。
ちなみに、学校のグラウンドで白線引きに使われる「石灰」は、かつてはこの消石灰が使われていました。しかし強いアルカリ性ですりむいた傷などに入ると危険なため、現在では炭酸カルシウムの粉末を使っています。

● 乾燥剤にも使われている

酸化カルシウム（生石灰）は、食品用の乾燥剤としても使われています。せんべいや海苔の袋などに「食べてはいけません」という注意書きがある乾燥剤の袋を見たことがあることでしょう。

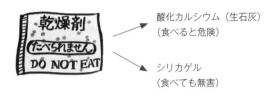

酸化カルシウム（生石灰）
（食べると危険）

シリカゲル
（食べても無害）

乾燥剤は白色の粉末である酸化カルシウム（生石灰）と、ビーズ状の場合（シリカゲル）とがあります。

ところで、乾燥剤の袋には「食べられません」と書いてありますが、もし食べてしまったらどうなるでしょうか。

シリカゲルは、無味・無臭で食べても無害です。

しかし、酸化カルシウムは水分を吸っていないときは口の中の水分と反応して熱を出します。口の中がカーッと熱くなるでしょう。火傷するかもしれません。水分と反応してできた水酸化カルシウムは強いアルカリ性を示すので、口の中がただれる可能性もあります。口だけではなく皮ふや服についたり目に入ったりしないよう注意してください。

● 乾燥剤とは役目がちがう脱酸素剤

食品の保存用に使われるものに乾燥剤以外に脱酸素剤がありま

す。

　脱酸素剤は名前の通り、空気中の酸素を吸収して酸素をなくします。食品は酸素があると酸化されて品質が落ちたりします。また、酸素がないとダニやカビが生きられません。

　脱酸素剤を入れることで酸素を 0.1％以下にまですることができるため、**脱酸素剤を使えば真空パックを使えないものでも保存期間を長くできます。**

　乾燥剤は水分をふくむと品質が落ちる商品（せんべいやクッキーなどパリパリ、サクサクした食感の食品）に使用し、脱酸素剤は水分を多くふくんだ食品（しっとりした食感の食品）の酸化やカビの発生を防ぐために使用されます。

　脱酸素剤は細かな鉄粉を用いるものが一般的です。使い捨てカイロと同様、鉄が酸素と水を吸収（化学反応）して鉄さびになることを利用しています。水は食品から出る湿気を利用するものや、脱酸素剤に必要な水をもたせたものがあります。

せんべいなどは乾燥剤

やわらかな洋菓子などは脱酸素剤

第5章 『快適生活』にあふれる科学

38 なぜ私たちの身のまわりは ガラスだらけなの?

家の中はもちろん、街中や交通機関、そしてデジタル機器にまで、ガラスは幅広く使われています。私たちの生活と切り離すことができないさまざまなガラスについて見てみましょう。

● ガラスの特徴

人類は太古の昔にガラスを発見して以来、現在にいたるまであらゆるところでガラスとともに生活してきました。[*1] これだけ幅広く使われているのにはふたつの大きな理由があります。それは、**「透明である」**ことと、**「成形がしやすい」**ということです。

そもそも物体が「透明である」(光を通す) というのはめずらしいことです。光を吸収したり、散乱させたりしないことが条件だからです。ガラスと同じように光を通す材料は、単結晶と特殊なセラミックスのみであり、なかでもガラスは安価で大量生産が可能なために広く用いられているのです。ただ、なぜ透明に見えるかは、まだ厳密にはわかっていません。

ふたつ目の大きな特徴は「成形がしやすい」ことです。

数百℃に熱するとやわらかくなり、冷えると固まるので、さまざまな形に成形することができます。

---

*1 先史時代から天然ガラスの黒曜石(マグマが水で急冷されてできたもの)が矢じりや刃物として使用されています。人類がガラスをつくるようになったのは紀元前数千年ごろとされ、はっきりしていません。

● ガラスの材料は身近にあるもの

ガラスは、石や砂の中にある材料から取り出してつくることができます。すべて身近にたくさんあるものです。

使うのは主に、**ケイ砂**・**炭酸ナトリウム（ソーダ灰）**・**炭酸カルシウム（石灰石）**です。ケイ砂は、砂場などで砂をよく見るとキラキラと光っている透明なもので、見たことがある人も多いでしょう。これらの材料を使い、高温でどろどろに融かし、それを引き延ばしてつくります。

窓ガラスやガラスびんに用いられるもっとも一般的なガラスが**ソーダ石灰ガラス**で、上記の材料を使っています。これにいろいろな材料を組み合わせることで、色をつけたり、材質を強化したりします。

吹きガラス

紀元前1世紀ごろに発明されたガラス成形技法で、金属パイプの先端に融かしたガラスを巻きつけて、息を吹きこんでふくらませます。
大量生産を可能にした革命的技法として、今日においても基本的な成形技法になっています。

● 熱に強い「耐熱ガラス」

ガラスは、熱することで膨張し、冷やすと収縮します。そのため、急激に熱したり冷やしたりすると破損してしまう場合があります。

ガラスが熱によって割れるのは、一部に加えられた熱で温度が上昇して膨張し、まだ熱が伝わりきれていない冷たい部分をゆが

---

*2 ガラスの熱伝導度を大きくできれば、熱が速やかに全体に伝わりますが、ガラスで熱伝導度を上げるのは、材質の性質上、ほぼ不可能です。そこで、耐熱性をもたせる方法として、熱しても熱膨張率がほとんど大きくならない材質にします。

ませることでおこります。つまり、ガラスが熱に弱いのは、「熱が伝わりにくい」（熱伝導度が非常に小さい）ことと、「温度によって熱膨張率に差がある」ことが原因なのです。[*2]

この膨張と収縮の度合いを小さくしたものが**「耐熱ガラス」**です。炭酸ナトリウムのかわりにホウ酸を用いて、ホウケイ酸ガラスにすることで、温度を上げても熱膨張率が大きくならないようにします。[*3] これによって、高温に耐え、レンジやオーブンでの調理が可能なガラスが普及しました。

● 破片が飛び散らない「合わせガラス」

車のフロントガラスには、大きなガラスが使われています。このガラスはかなり丈夫で、衝撃によって割れても破片が飛び散りにくくなっています。多くの場合、脱落せずひびが入るだけですみます。

このガラスが丈夫な理由は、2枚以上のガラスで、透明・丈夫・柔軟なプラスチック・フィルムをはさんで接着してあるからです。このような3層のガラスを**「合わせガラス」**といいます。

破損しても破片がフィルムにくっついたままになり、細かな破片がばらばらに飛び散ったりすることがありません。また、このフィルムがあることで、ガラスに勢いよくぶつかったものがつきぬけることもほとんどありません。[*4]

フィルムに紫外線を防ぐ機能をもたせることもできるため、建築材料としても広く使われています。

[*3] こうすることで、硬くて熱に強く（約820℃でやわらかくなる）、薬品にも強く、温度によるひずみが少ないガラスになります。なお、ホウ酸は小学校の理科でつくる「スライム」の原料でもあります。
[*4] 1987年3月から、車のフロントガラスは「合わせガラス」を使うようになっています。

● 割れると小さな粒になる「強化ガラス」

　普通の板ガラスの板を約700℃まで熱してやわらかくした後、急激に冷やしてつくるのが「**強化ガラス**」です。急激に冷やすことで表面が圧縮されて強化され、強さが通常の板ガラスの**3～5倍**になります。割れると、破片が直径3～4ミリメートルの細かな粒になるため、鋭利な角がなく大きなけがをする危険が少なくなります。温度の変化にも強く、170℃ぐらいまで耐えられます。

　車ではドアや後部のガラスには、この強化ガラスが使われています。また、学校など多くの人が集まる場所の窓ガラスやガラス製品などにもよく使われています。

● 熱を伝わりにくくする「断熱ガラス」

　ガラスは熱を通しやすい素材で、**熱の伝わりやすさは紙の約20倍**もあります。[*5] ガラス戸よりも紙を貼った障子のほうが熱を通しにくいことから、昔からの日本家屋はそうした性質を取り入れてきました。

　熱を伝わりにくくする「**断熱ガラス**」は、ガラスを二重にして、その間に熱を通しにくいものをはさむことでつくられたものが多いです。さらに、その中空層に乾燥空気を封入して、周辺から湿気が入らないようにしているものもあります（結露防止）。このようなガラスを「複層ガラス」ともいいます。

---

*5　単位の厚みあたりの熱の伝えやすさを「熱伝導率」といいます。

第 5 章 『快適生活』にあふれる科学

39 目に見えない人感センサはどうやって人を検知しているの？

人がくると自動で電気がついたり、ドアが開いたりする便利な機能はあちこちで導入されていますね。こうした人感センサはどんなしくみになっているのでしょうか。

● **目に見えない光をとらえることに成功**

1800年ごろにウィリアム・ハーシェルという人物が、赤外線の存在を証明する実験をおこないました。実験は、太陽の光をプリズム[*1]に透過させ、可視光の光を分解したスペクトルの赤色光を越えた位置に水銀温度計を置くというものです。水銀温度計の温度は上昇したため、彼は**赤色光の先にも目に見えない光（太陽の赤外線放射）が存在することを発見した**のです。このとき使った水銀温度計が、もっとも原始的な赤外線センサということになります。

光の波長

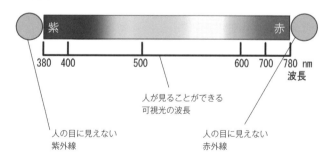

*1 プリズムは、ガラスや水晶などの透明体でできた多角柱で、三角柱のものが一般的。光を屈折、分散、全反射などさせる性質があり、光線の方向を変えたり、光のスペクトル分析、屈折率の測定などに利用されます。

● なぜ赤外線センサが使われる？

それでは、可視光などではなく、赤外線が利用されているのはなぜなのでしょうか。それは、赤外線は可視光に比べて波長が長く散乱しにくいため、**煙や薄いカーテンなどがあっても物体を感知できるから**です。目に見えない光なので、警備の用途や、野生動物などの観察・研究などにも広く活用されています。

また、あらゆる物体は熱をもっていて、この温度に応じた赤外線を出しています。その温度を検知するものがサーモグラフィーです。

サーモグラフィーで温度を検知

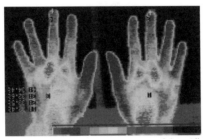

（イメージ）

● 2種類ある赤外線センサ

今までは、赤外線を感じるセンサのタイプを紹介してきましたが、今度は実際に使われている人を感知する赤外線センサについて考えてみましょう。そのしくみよって2つのタイプに分けることができます。

第5章 『快適生活』にあふれる科学

・アクティブセンサ（能動型センサ）

センサの「投光器」から赤外線を出し、人など対象物にあたって、反射された赤外線を「受光器」部で検出する方法です。

赤外線を遮断することで感知する

赤外線のはね返りで感知する

・パッシブセンサ（受動型センサ）

人やものから発生する（微弱な）赤外線を、高精度のセンサで捕らえます。このタイプが、天井によくある丸いものの中にあるものです。

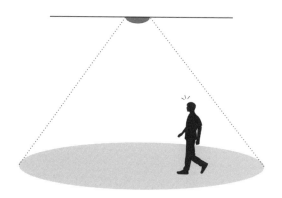

161

● トイレには多くのセンサが

　家の中だけでも、いろんなところでこの赤外線センサが使われています。照明、電球、家電（エアコン、扇風機、自動掃除機など）、インターフォン、チャイム、カメラ（監視、防犯）、自動ドア、自動水栓、エアータオルなど、さまざまな例があります。

　とりわけ日本のトイレには、多くの赤外線センサが使われています。便座が自動的に開いたり、手を洗うときに自動で水が出たり、手を入れると乾燥したりできます。

　最近では、個室トイレ自体にまでセンサがつけられている場合もあります。人がいるかいないかを検知し、一定時間以上、同じ人が入ったままのときには通報する機能です。これは、病院や介護施設などで用いられることがあるのです。トイレ内は監視カメラをつけにくいため、多くのセンサが用いられているのです。

第6章
『安全生活』
にあふれる科学

40 ガスのにおいとスカンクのおならの主成分は同じ？

家庭で使われる燃料用ガスには都市ガスとプロパンガスがあります。ガスはもれるとすぐに「ガスくさい」とわかるにおいがついています。このにおいの成分は何なのでしょうか。

● **ガスのにおいはわざとつけたもの**

家庭で、調理や暖房に使われているのは、主に**メタンガス**（天然ガスの主成分）や**プロパンガス**です。都市ガスではメタンガスが主ですが、都市ガスの供給がない地域では、液化したプロパンガスのボンベを家ごとに備えて使います。

メタンガスもプロパンガスも、元々はにおいがない気体です。そのため、そのままではガスもれに気づきにくいので、わざわざ微量でにおいが強い物質を混ぜています。その着臭剤はメルカプタンという物質の仲間です。「ガスくさい」と感じるにおいは、このメルカプタンのにおいなのです。

メルカプタンにはいろいろ種類があるのですが、ガスのにおいつけに使っているのは、エチルメルカプタンです。[*1]

ところで、スカンクという動物は非常に強い悪臭を出すことで有名ですね。実は、このスカンクのにおいの主成分もメルカプタンで、ガスのにおいと同じです。こちらはブチルメルカプタンという種類です。[*2]

[*1] エタン C_2H_6 という分子の水素原子ひとつをメルカプト基 SH に置きかえた物質です。
[*2] ブチルメルカプタン C_4H_9SH は、ブタン C_4H_{10}（携帯コンロやガスライターなどの燃料に使用）という分子の水素原子ひとつをメルカプト基 SH に置きかえた物質です。

においの成分は両方ともメルカプタン

● ガスもれによる爆発事故を防ぐため

　都市ガスもプロパンガスも使い方を誤ると大変な事故につながることがあります。ガスの事故でもっとも恐いのは、ガスもれによる爆発事故です。毎年、何件もの悲惨な事故が報道されています。

　ガスもれをおこさないことが重要ですが、万が一ガスもれをおこした場合でも、早急に検知できるように強いにおい物質を入れてあるのです。

　燃料用ガスのような燃える気体（可燃性気体）は、空気（窒素78％＋酸素21％＋アルゴン他1％）とどのような割合で混合しても混合気体として燃焼するわけではありません。混合気体だけで燃焼をおこす濃度の範囲があり、それを**爆発限界（燃焼限界）**といいます。爆発限界は、燃焼する下限の濃度から上限の濃度の範囲で表します。たとえば、水素の空気中での爆発限界は体積の割合で4〜75％で、それ以外では爆発（燃焼）しません。

　都市ガス（メタン）とプロパンの爆発限界はそれぞれ、メタンが5.3〜14％、プロパンが2.1〜9.5％です。この範囲で空気中に

ふくまれて、そこに火が点くと爆発します。案外低い濃度で爆発限界になってしまいます。

● 都市ガスとプロパンガスでちがうガス警報器の設置場所

ガスもれを検知するためにガス警報器を設置しますが、設置場所には注意があります。

都市ガスのメタンは空気より軽く、プロパンは重いです。ちなみに「二酸化炭素は空気より重い」ことを学校で学びますが、プロパンは二酸化炭素と同じくらい重いのです。

そこで、メタンは、もれたときに上のほうに集まりますから、ガス警報機も部屋の上のほうに設置します。

プロパンは、逆に空気より重いので、ガス警報器は下のほうに設置する必要があります。

また、**ガスもれに気づいたら、電気器具のスイッチを入れたり切ったりは絶対にしてはいけません**。そのときの電気火花がガスに引火する危険があるからです。

● ガスの事故で恐い一酸化炭素中毒

昔の都市ガスには成分に一酸化炭素をふくむものがあり、ガス管をくわえて自殺をするといったことがありました。しかし、今の都市ガスには一酸化炭素はふくまれていません。

恐いのは、**不完全燃焼で発生する一酸化炭素中毒**[*3]です。一酸化炭素はまったくにおいがありません。そのため、ガスや灯油を燃焼するときには換気をこまめにすることが大切です。

---

*3 症状は初めは風邪に似ていて、なかなか気づきにくいです。次第に頭痛、吐き気がしてきて、手足がしびれて動けなくなり、重症になると、人体に強い機能障害をおこしたり、意識不明になって死にいたることもあります。

第6章 『安全生活』にあふれる科学

41 天ぷら火災にはなぜ水をかけてはいけないの？

> 台所には多くの火災の原因となるものがあります。火災はおこさないに越したことはありませんが、万が一おきてしまった場合の対処法も知っておきましょう。

● **火災原因第3位**

火災の出火原因の第1位は、ここ数年放火をふくむ不審火です。それに次ぐ第2位がタバコ、そして第3位が台所からの出火です。

ひとくちに台所からの出火といっても多くの原因があります。なかでも一番多いのがコンロ火災です。とくに天ぷら火災はコンロ火災の上位をしめ、一度おこってしまうと、その対処法によってはさらに状況が悪化してしまいます。

● **油を加熱し続けると**

天ぷら火災は、そのほとんどが火から目を離してしまったことでおこります。

天ぷらに適した温度は **180℃** くらいですが、火にかけたままにしておくと温度がどんどん上昇してしまいます。**220℃** を超えたあたりで白煙が見え始めます。もし白煙を見たらすぐに火を消し、温度が下がるまでしばらく放置しましょう。そのまま加熱を続けた場合、**300℃** を超えたあたりで火が見えて、やがて燃え始めます。いったん燃え始めてしまうと、火を止めてもおさま

油の温度と状況の変化

370℃　火だねがなくても燃える
300℃　火が見える
220℃　白煙が出る
180℃　適温

りません。

　一方で、電磁調理器だと温度設定ができるうえに、火を使わないのでより安全に思うかもしれません。しかし、鍋の底がへこんでいるなどの理由で、正しく温度を完治できずに発火にいたることもあり注意が必要です。

● 天ぷら火災に水をかけてはいけない理由

　消火する方法として多くの人が真っ先に思い浮かべるのは、水をかけるということでしょう。木や紙などが燃えている場合は、確かに有効です。しかし、電気火災と油火災に水は厳禁です。

　水と油は混ざりにくく、油は水に浮きます。ですから、油火災に水をかけては絶対にいけません。

　理由は**水蒸気爆発**がおきる可能性があるからです。液体の水が水蒸気になると、体積が100℃で約1700倍、天ぷら火災ではそれ以上になります。そのため、水蒸気爆発によって火のついた油を飛び散らせることになります。

揚げ物をしていて油がはねるのは、食品にふくまれる水が一気に水蒸気になるためにおこるのです。このように、ほんの1滴の水でも激しく油が飛び散るのですから、天ぷら火災に水をかけることは火のついた油が飛び散ることを意味し、大変危険なのです。

● 酸素を遮断して火を消す

ものが燃えるために酸素が必要です。

天ぷら火災を消すにも、酸素を遮断する方法は有効です。一般的には、**ぬれタオルをかける**方法が推奨されています。このとき、タオルが直接油に触れないようにすることが大切です。

鍋にフタがある場合は、**フタをかぶせて消す**こともできます。このときにもっとも注意したいのは、フタをしたら温度が下がるまで放置することです。温度が高い状態でフタを外すとふたたび火柱が上がる危険があります。これは、フタを開けたことで酸素が再供給されることでおこります。火災現場に突入するときに、もっとも危険とされているバックドラフト[*1]と同じ現象です。

● その他の注意点

天ぷら火災以外にも台所で注意しておきたいポイントがいくつかあります。換気扇の汚れ、ガスホースの劣化、コンロと壁との距離、コンロ周りの燃えやすいものなどです。

ただ、火を使っているときにその場を離れることなく、火災をおこさないことが何よりも重要です。万が一、火災になった場合に備えて、正しい知識で、冷静に対処できるようになりましょう。

[*1] 閉鎖された部屋の火災で、空気が不足したために火が抑制されたところに、消火・救助の目的でドアを開けて酸素が供給されることで爆発的に燃え上がる現象です。

42 ダイヤモンドは火事になると燃えてしまう?

とても硬く、とても屈折率が高く、永遠に光り輝く宝石の王様、ダイヤモンド。ただ、炭素でできているので火事で燃えてしまわないか心配です。どうなのでしょうか。

● 燃えると二酸化炭素になる

ダイヤモンドは炭素原子だけからできている物質、つまり炭素の同素体のひとつです。[*1]

ダイヤモンドはあらゆる物質のなかでもっとも硬く、宝石のほかにガラスの切断や岩石の切削に用いられています。

ダイヤモンドは炭素からだけできているので、もし火事になったとしたら燃えてしまうのではないかという心配があります。ところがダイヤモンドは**空気中では火事程度の温度で燃え出しません**。

酸素中で熱すると、ダイヤモンドは白く輝きながら燃え、どんどん小さくなって最後にはなくなってしまいます。そのとき燃焼してできる気体を石灰水に入れると白くにごります。つまり、**ダイヤモンドは燃えると二酸化炭素になってしまう**のです。

● ダイヤモンドを燃やす実験

「火事くらいではダイヤモンドは燃えない」と断言できるのは、筆者がダイヤモンドを燃やすことができるまでに大変な苦労をし

---

*1 他に無定形炭素(木炭やカーボンブラック)、黒鉛、フラーレンなどがあります。

たからです。

ダイヤモンドの原石（工業用）を入手して、その燃焼に挑戦したことがあります。激しく強い炎の出るガスバーナー（ガストーチ）を入手して、ダイヤモンドにその炎を浴びせても、炎があたっているときは赤くなるのですが、炎を遠ざけるともとに戻ってしまいます。その前後で重さも変わりません。その程度では燃えないのです。

やっと酸素中なら燃えることを確認しました。そこで高温にも耐えられる石英管に入れて酸素を通しながら加熱して燃焼に成功しました。[*2] やっと酸素中なら燃えることを確認しました。

● ダイヤモンド火で松茸を焼いた！

「探偵ナイトスクープ」というテレビ番組に、小学生が「鉱物図鑑のダイヤモンドに"炭素からできている"とある。それならダイヤモンドは炭のように燃えるのですか。ダイヤモンドを炭火のように燃やしてマツタケを焼いて食べたい」との要望が寄せられました。

ダイヤモンド燃焼実験に成功していた筆者に、出演依頼がきて、番組でダイヤモンドを燃やしてマツタケを焼くことを実演しました。

[*2] 現在、理科教材の会社である、株式会社ナリカから「ダイヤモンド燃焼実験セット」として販売しています。

マツタケが焼けるくらいの熱量を得るためにはダイヤモンドが多数必要でしたが、住友電工ハードメタルの提供でおこなわれました。人工ダイヤモンドといっても、場合によったら品質のばらつきの多い天然ダイヤモンドよりも高価なのです。

　後日談があります。「住友電気工業株式会社　社長　松本正義Blog」[*3]に次のＱ＆Ａがありました。

"Ｑ．あれだけの量（約500カラット）、価格でベンツ10台分と言っていましたが、そんなに寄付して大丈夫？

　Ａ．私も放映見てあまりの気前の良さに驚きました（笑）。

実際は製品として売るとそういう値段でしょうが、今回のダイヤは加工前の段階で、それと番組では伝えていませんが、若干不純物が混ざったもの、結晶化がやや上手くいかなかったもの、等々の加工に手間がかかりそうなので当面保存していたダイヤモンドの結晶だったとか。それでも決して安くはありませんが、知的探求心のため、科学のためですから、良しと致しましょう。但し、今回のロケで全部使用して当面はそういうダイヤはありませんのでね。「是非わたしにもください～～」はご勘弁願います。"

● どんな石や金属よりも硬い

　硬さ（硬度）は、表面をひっかいたときの傷のつきにくさを比べたものです。お互いに表面をひっかいてみて、硬度を決めていきます。

　そのときに、次の10種類の標準鉱物を選び、硬度1から10までの基準にしています。

---

*3　このブログは、現在は社長交代にともなって閉鎖されています。

≪硬度≫

滑石（1）	石膏（2）	方解石（3）
蛍石（4）	燐灰石（5）	正長石（6）
石英（7）	トパーズ（8）	コランダム（9）
ダイヤモンド（10）		

　ひっかいたとき、この 10 種類のどれで傷がつくかで、ある物の硬度を知ることができます。ダイヤモンドの硬度が最高の 10 なのは、今のところ天然には**ダイヤモンドより硬い物質が見つかっていない**からです。

● **ダイヤモンドの用途**

　ダイヤモンドはもっとも硬い物質なので、人工ダイヤモンドは天然ダイヤモンドとともに、硬い素材に穴を開けたり、切断したり、表面を研磨したりするのに使われます。天然ダイヤモンドの 8 割以上が切削・研磨用です。

　金属の円盤に微粒のダイヤモンドを埋めこんだものを、高速で回転させながら岩石に押しあてると岩石を切断することができます。

　ダイヤモンドは電気的には絶縁体ですが、熱をとても伝えやすい性質があり、高速放熱装置に使われています。今後は新たな用途も次々に開発されていくことでしょう。

43 消火器で消火できるしくみはどうなっている?

万一火が出てしまったら、消火器で初期消火をするのが大変有効です。住宅用消火器はどんな中身で、どんなしくみで消火するのでしょうか。

● 中身が粉末のものと液体のものがある

消火器には消火薬剤が入っています。消火薬剤によって大きく2つのタイプに分けられます。

消火薬剤が細微な粉状の**粉末消火器**と、液体の**強化液消火器**です。外から見たとき、ホースの先のノズルが先広がりにふくらんだものは粉末消火器で、逆に先が細くなったものが強化液消火器です。

消火器の中には消火薬剤だけではなく、高圧の気体(空気や窒素)も入っています。

安全せんを抜き、ノズルを火元に向けて、レバーを握って、手前からほうきで掃くように薬剤を放射します。

消化器の使い方は簡単

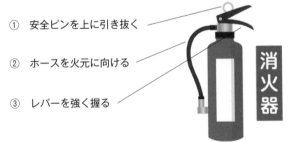

① 安全ピンを上に引き抜く

② ホースを火元に向ける

③ レバーを強く握る

第 6 章 『安全生活』にあふれる科学

● 各消火器が対応する火災

火災は、A火災（普通火災）、B火災（油火災）、C火災（電気火災）に分けることがあります。

住宅用の消火器には、どの火災の種類に対応しているかが図示されています。

適応火災の表示例

① 普通火災（A火災）　　② 油火災（B火災）　　③ 電気火災（C火災）

● 消火薬剤による消火のしくみ

物が燃えるには、①**可燃物** ②**酸素** ③**高い温度** の３つが必要です。

ただ、燃えるという化学反応（燃焼）は、可燃物が酸素と結びつく１段階の化学反応からなっているのではなく、**たくさんの素反応の集まり**です。私たちがＡ点からＢ点に行くときに、ひとっ飛びに行くのはなく、あちこちを回りながら行くような感じです。

そこで、どこかの素反応の段階が止まってしまうと化学反応全体も止まってしまいます。このことからもうひとつ、物が燃える条件④を付け加えましょう。**④化学反応がどこかで中断しない**

で続く、という条件です。

この①〜④のうちのひとつ、あるいは複数をおさえこむと火を消すことができます。それが消火薬剤の役目です。

とくに家庭用では、燃焼している物に水などをかけ物体の温度が急速に低下させる（③をおさえる）こと、火の中でおきている化学的連鎖反応（素反応の集まり）のどこかの段階を止めること（④をおさえる）をしています。

また、火を二酸化炭素や粉末でおおうことによる窒息効果（②をおさえる）を使うものもあります。

液体の強化液消火器には、水に炭酸カリウムなどが入っています。[*1]

この消火器は天ぷら油火災に効果がありますので、台所に置くといいでしょう。実際にてんぷら油火災がおこったとき、ノズルが近づき過ぎると油が飛び散ることがありますので4〜5メートル離れたところから放射し、徐々に近づくようにします。

粉末消火器は、主にリン酸二水素アンモニウムです。[*2]

この消火器はA火災（普通火災）、B火災（油火災）、C火災（電気火災）にいずれにも有効です。粉末消火器で火の勢いをおさえ、強化液消火器で火の深部も完全に消火する、といった消火が理想的です。

● 消火器の保管場所

消火器の保管場所として適当な場所はどこでしょうか。

火を使う場所の近くがいいことは確かですが、ガスコンロのす

[*1] 水は冷却効果があり、またカリウムイオンは化学的連鎖反応（素反応の集まり）のどこかの段階を止めるはたらきがあります。
[*2] 粉末による窒息効果や化学的連鎖反応（素反応の集まり）のどこかの段階を止めることで消火します。

ぐ脇に置いてはいけません。火事になったら、その辺りは炎で、消火器に手が届きません。

台所の入り口付近の目立つところが適当でしょう。

自分ばかりでなく、隣近所の人が助けてくれることを想定して玄関脇に置いておくのもいいでしょう。直射日光で本体が温まったりするのを避け、腐食を避けるために湿気の少ない、そして目立つ場所に置きましょう。

使用期限（期間）は、おおむね**5年**です。住宅用消火器は、中の消火薬剤の詰め替えができない構造となっているため、リサイクルに出します。リサイクルの窓口は「消火器リサイクル推進センター」のホームページで検索できます。

● 訪問販売に注意

時々、紺の作業服姿で『消防署の者です』といって消火器を販売してまわる人がいますが、消防署では消火器の販売などは一切していません。

また、『一般家庭でも消火器の設置は法令で定められている』などの説明をする人もいるようですが、そんな法令はありません。

住宅用の消火器の場合、購入に1個1万円以上もするのはまれであることも知っておきましょう。

44 地震予知は本当にできるの？

突然大地がゆれ、津波や火災、がけ崩れなど大きな被害が同時におきる地震。災害の被害を少なくするために、地震を予知することはできるのでしょうか。

● **なぜ日本は地震大国？**

日本は、地震大国といわれていますがどのくらい地震はおきているのでしょうか。日本での地震の様子は、防災科学技術研究所の「防災地震Web」[*1]で全国の地震計のリアルタイムの情報や24時間以内に発生した地震、最新の震源情報などをまとめて見ることができます。

このページを見ていると、日本では地震が本当に多いことがわかります。なぜ、日本ではこれほど地震が多いのでしょうか。地震のおこるしくみを見てみましょう。

地球の表面は、プレートとよばれる十数枚の巨大な板状の岩盤でおおわれています。それぞれのプレートは、年間数センチメートルの速さで別々の方向に移動しています。右図の通り、**日本付近では4枚のプレートがぶつかり合っています**。そのため、日本の地下では岩盤が常に大きな力を受けています。この力がもとで**岩盤が破壊されたり、押された岩盤がもとに戻ろうとしたりして大地が動きます**。これが地震です。[*2] このように、日本付近で4枚のプレートがぶつかり合っているため地震が多いわけです。

[*1] http://www.seis.bosai.go.jp/
[*2] 地震には、プレート境界面で岩盤がもとに戻ろうとして発生する海溝型地震と、岩盤が大きな力を受けていることから、内陸部にある活断層が動いたり内陸部の岩盤が破壊されたりして発生する内陸型地震（直下型地震）があります。活断層は、過去にくり返し地 ↗

日本付近にある4枚のプレート

● **マグニチュードと震度**

地震がおきるとニュースで、「5時40分ごろ、地震がありました。震源は宮城県沖、震源の深さは47 km、マグニチュードは4.2、各地の震度は……」などと説明されます。ここで使われている言葉の意味を見てみましょう。

マグニチュードは「地震のエネルギーの大きさ」を表します。マグニチュード7以上の地震を「大地震」とよび、とりわけ8程度以上のものを「巨大地震」とよんでいます。

それに対して、**震度は「観測地点でのゆれの大きさ」**を表します。

同じ地震でも地震がおきた震源から遠ければ、震度は小さくなります。[*3] 震源からの距離が同じでも、地盤が弱ければ震度は大きくなります。震度5と震度6は、それぞれ「5強」「5弱」のように2段階で表され、全部で0〜7までの10段階で表されます。

震をおこし、今後も地震をおこす可能性のある断層です。国内には2000以上の活断層があり、まだ知られていない活断層も多数あると考えられています。
*3 平成30年 (2018) 9月6日に発生した北海道胆振東部地震では、マグニチュードは6.7でしたが内陸型地震で震源までの距離が近かったため、震度7の強いゆれが観測されています。

● **緊急地震速報は地震予知ではない**

地震がおきたとき、弱いゆれを感じてから強いゆれを感じますね。地震がおきたときには、速さがちがう2種類の波（地震波）が発生します。**最初の弱いゆれ（P波）をすばやくキャッチして、地震のおきた場所や規模から各地の震度を予想し、強いゆれ（S波）に備えるのが緊急地震速報**です。[*4]

つまり緊急地震速報が出されたときには、もうすでに地震が発生しているので、これは「地震予知」ではありません。

緊急地震速報のしくみ

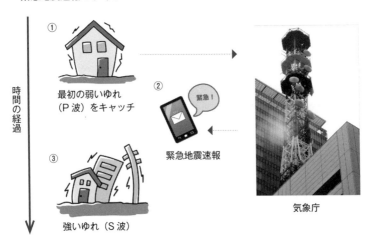

気象庁

● **地震予知はできるの？**

台風などの進路予測のように、「いつ（数日程度）」、「どこで」、「ど

[*4] 緊急地震速報が間に合わない場合もあります。内陸型地震で被害が大きくなるのは、震源までの距離が近いときです。震源までの距離が近いと、P波とS波の差がほとんどありません。そのため、緊急地震速報より先に強いゆれがくることがあります。

第 6 章 『安全生活』にあふれる科学

のくらいの規模の」地震がおきるか、この 3 つを科学的根拠をもって予測することが「予知」です。

日本では、昭和 53 年（1978）に「大規模地震対策特別措置法」を制定して、東海地震の予知と、予知できた場合の防災体制を整備してきました。ところが平成 29 年（2017）、「警戒宣言を出すような東海地震の確度の高い予測はできない」という見解が示されました。現時点で予知ができないことを認めたかのような見解です。[*5]

地震の観測や研究が進むにつれて、さまざまな現象がおきたりおきなかったりしていることが分かってきました。

平成 23 年（2011）には東日本大震災が発生しました。この巨大地震は、東海地震と同じようなメカニズムでおきましたが、**予想していた前兆現象は確認されませんでした**。そのため、予測のための仮説を立て直さなければならなくなりました。仮説はありますが確証はありません。科学技術が進歩したからこそ、現段階での限界が見えたということです。

日本で大地震がおきることは確かですが、いつ、どこで、どのくらいの規模の地震がおきるか、高い精度の予測をすることはまだ難しいのです。ただし気象庁は、巨大地震との関連性が疑われる異常な現象が観測されたときには、「いつもに比べて大きな地震がおきる可能性が高まっている」という**臨時情報**を発表します。

いつ地震がおきてもいいように、とっさに身を守る方法や備蓄など、地震への備えを日ごろからしておくことが大切です。

[*5] たとえば、かなり精度が上がっている台風の進路予測でも、南の海からいつ北上するのか判断が大きく分かれたり、日本に上陸してからの進路予測が変わったりしています。研究者は、仮説と検証をくり返しながら日々予測の精度を上げているのです。

45 携帯電話の電波に危険はないの？

電波というとどこか SF のもののようですが、雷や可視光、レントゲンの X 線、電子レンジで使われるマイクロ波など、私たちの日常生活は電波であふれています。これらに危険はないのでしょうか。

● 電波は X 線や紫外線より弱い

レントゲンで使う **X 線や紫外線は、浴びすぎるとがんになります**。X 線や紫外線のもつエネルギーがあまりに大きく、DNA に傷をつけてしまうからです。

この X 線や紫外線と、携帯電話の電波は、いずれも **電磁波** という波の仲間にふくまれるため、携帯電話の電波でもがんになるのではないか、と心配する人がいます。

電波の特徴を表すものに、**周波数** があります。周波数は 1 秒間の波の数を表します。

同じ太陽からくる光でも、周波数の大きい紫外線は殺菌作用がありますが、周波数の小さい赤外線には殺菌作用はありません。周波数が大きい波はよく動き高エネルギーなので、与える影響も大きいのです。

X 線や紫外線は極めて高周波ですが、携帯電話の電波は圧倒的に低周波です。そのため、DNA に傷をつける可能性は極めて低いとされています。

電波(電磁波)と周波数

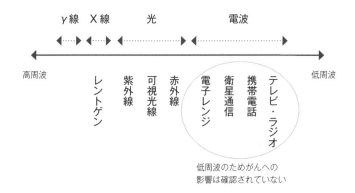

● がん以外の影響もなし

携帯電話の電波は電子レンジとよく似た電波なので、大量に浴びると体温を上昇させます。しかし、日常生活においては体温を上昇させるほどの電波を浴びることはまずありません。最大でも、**人体に影響を及ぼす最低ラインの50分の1以下の強さの電波しか使わないように定められている**からです。

それでも、国際がん研究機関(IARC)は「発がん性があるかもしれない」と評価しています。根拠になっているのがスウェーデンの研究で、「累積2000時間以上[*1]の長時間の携帯電話の使用でがんになる可能性が高まった」とする報告があるのです。ただし、この研究報告は記憶に頼っているので、正確性に問題があります。その上、「極端な長時間利用者はがんになるリスクが高い」といっているだけで、「その原因が携帯電話である」とまでは結

[*1] たとえば、1日30分以上の通話を10年間毎日続けるほどの長時間利用のことをいっています。

論づけられていません。*2 それでも携帯電話の影響がゼロではないとはいい切れないため、IARC はこれを考慮して「かもしれない」と指摘しています。

世界保健機構（WHO）は IARC の発がん性評価を受け、**「携帯電話から発射される電波を原因とするいかなる健康影響も確立していない」**という、これまでと同様の見解を改めて示しました。*3

日本での研究でも、2000～2004 年に行われた調査で、10 年以上の携帯電話の使用、2000 時間を超える通話時間とがんの関係を調べても、携帯電話の使用によってがんが増えたという結果にはなりませんでした。

● 優先席付近でも電源を切らなくてよくなった理由

人体には影響はなくても、機械への影響はどうでしょうか。2013 年 12 月、総務省は LTE 方式（第 4 世代）の携帯電話から出る電波は心臓ペースメーカーに影響を与えないとする調査結果を出し、近年では優先座席付近でも電源は切らなくてよくなりました。

技術の進歩によって、必要な電波強度が弱まり、しかも通信速度は速くなったのです。現在の電波では、もっとも影響を受けやすい**ペースメーカーでも、携帯電話との距離が 3 センチまで影響が出ません**。総務省は、国際基準に合わせて「ペースメーカーと携帯電話の距離は 15 センチ以上離すように」と注意喚起していますが、これだけ離せば十分安全なのです。

---

*2　長時間利用者には、がんの原因となるほかの共通点がある可能性もあります。
*3　2011 年 6 月に WHO ファクトシート 193「携帯電話」を改訂して発表しました。

第7章
『先端技術』
にあふれる科学

46 ロケットとミサイルが飛ぶしくみは同じ?

生で見てみたいものとしてよくあげられるのが皆既日食とロケットの打ち上げといわれます。一方、近年はミサイル防衛の議論が盛んです。これらはどんなしくみで飛ぶのでしょうか。

● ロケットの飛ぶしくみ

細長いゴム風船に空気をいっぱい詰めこんでふくらませてから手をはなすと、風船は空気をふき出しながら飛んでいきます。風船は中の空気を噴射しながら、その反動で進むのです。

ロケットもまったく同じです。ロケットは、燃料と酸化剤(酸素を出す物質)を反応させて大量の燃焼ガスを高速で噴射して、その反動で進んでいきます。燃焼ガスはロケットを進行方向へ押し、ロケットは燃焼ガスを後方に押しているのです。ロケットの推進には空気は関係ないので空気中でも真空中でも飛ぶことができます。

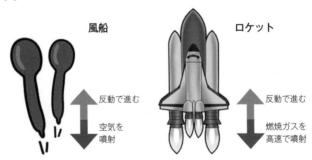

*1 固体ロケットの推進薬は、微粒子状の燃料と酸化剤を高分子樹脂(生活の中ではゴム系接着剤に近い)で練り固めてつくります。酸化剤には過塩素酸アンモニウム、燃料にはアルミニウム微粒子(粉末)が使われます。

ジェット機もジェットエンジンから燃焼ガスを後方に噴出し、その反作用で進みます。ロケットとのちがいは、ジェットエンジンは燃料だけをもっていて、燃焼に必要な酸化剤は空気中の酸素を取りこんでいることです。このとき、空気中の燃えない窒素も高温になって噴出され、推進力に大きく寄与しています。さらにジェット機は空気中を飛ぶので空気によって支えられるため、エンジンは機体を前進させる力を出せばいいことになります。ただし空気がないと飛べません。

ロケット
燃料 ＋ 酸化剤　で飛ぶ　　　　　※ 空気がなくても飛べる

ジェット機
燃料 ＋ 空気中の酸素　で飛ぶ　　※ 空気がないと飛べない

ロケットは燃料と酸化剤をもっていますから空気がないところでも飛ぶことができます。ただそれだけ重くなりますから、機体を前進させることと機体の重さを保持することが必要になり、地球の重力圏から飛び出すためには飛行機に比べて大きな推進力が必要になります。

● **ロケットとミサイルは似ている**

ロケットに使われる燃料は、固体を使うもの[*1]と液体を使うもの[*2]の大きく2つに分けることができます。

---

*2 液体ロケットでは、主に燃料として液体水素、ケロシン（灯油に近い）、酸化剤として液体酸素が使われます。ケロシン＋液体酸素、液体水素＋液体酸素の組み合わせになります。

固体ロケットは、ロケットエンジンに推進薬を入れたまま長時間保存できる、短期間の準備で打ち上げ可能、発生する推進力が大きい、などのプラス面があります。

　液体ロケットは、構造が複雑で発射の準備に長期間かかりますが、大型になればなるほど性能が向上します。飛行中に燃焼を中断して、また燃焼開始もできるし、ロケットの進行方向の変更もしやすいのが特徴です。

　ところでロケットと似たものに、**ミサイル**[*3]があります。ミサイルの推進装置は、長射程の弾道ミサイルなどはロケットエンジンが用いられることが多く、巡航ミサイルはジェットエンジンです。

　ロケットエンジンで飛ぶ長距離弾道ミサイルは軌道が大気圏外に達することもあり、弾頭を積んでいる以外、宇宙ロケットと構造上大きなちがいはないといえるでしょう。

● 日本のロケット開発

　人類の宇宙時代はロケットの開発とともに始まりました。わが国では1955年に全長23センチメートルの愛称ペンシルロケットを飛ばすことから開発がスタートしました。

　2003年には、宇宙科学研究所、宇宙開発事業団、航空宇宙技術研究所が統合され、文部科学省の管轄で宇宙航空研究開発機構（JAXA）が誕生しました。JAXAは、H2Aロケットの開発や「はやぶさ」の開発や打ち上げ、国際宇宙ステーションの建設などを進めてきました。

[*3] ミサイルは、もともとラテン語の動詞「mittere（投げる）」から派生した形容詞「missile（投げられるもの）」に由来する言葉で、投射体、飛び道具、投石を指します。現代でミサイルとよぶ場合は主に推進装置と誘導装置をもつ兵器を指しています。

主力ロケットである H2A は、38 機中 37 機が打ち上げに成功し、世界最高レベル 97.4％の成功率を誇ります。

現在 JAXA は、2020 年に 1 号機発射に向けては民間企業と一緒に新型ロケット「H3」の開発を進めています。

通信衛星を利用したテレビ放送の拡大、宇宙環境を利用した実験をおこなう場所の確保、宇宙からの地球の観測、インターネット網の拡大や改善など、宇宙空間を利用したさまざまなビジネスを展開することが可能になるからです。

しかしこの分野での競争は激しく、高性能で他国よりも安い打ち上げ費用ですむロケットを開発することが求められています。

最近では打ち上げ費用が格安ですむミニロケットによる超小型衛星の打ち上げもおこなわれています。JAXA は 2018 年 2 月 3 日、電柱サイズのロケット「SS‐520」5 号機の打ち上げに成功しました。このロケットは「世界最小のロケット」としてギネス世界記録にも認定されました。

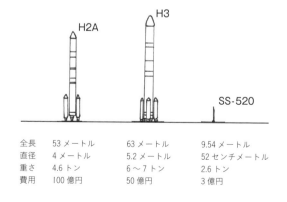

国産ロケットのおおよその比較

	H2A	H3	SS-520
全長	53 メートル	63 メートル	9.54 メートル
直径	4 メートル	5.2 メートル	52 センチメートル
重さ	4.6 トン	6〜7 トン	2.6 トン
費用	100 億円	50 億円	3 億円

47 生き物がヒントになった技術革新がたくさんある?

生物の形や能力を真似してものづくりをすることを「生態模倣技術」といいます。私たちの身のまわりには「生態模倣技術」で開発された目からウロコのアイデア製品がたくさんあります。

● 面ファスナー

草むらを歩くと服に「ひっつき虫」がつくことがあります。ひっつき虫は虫ではなく、**オナモミ**という植物の実です。無数に生えた小さなトゲが服の繊維からみつくことでひっつくのです。

約80年前、犬の散歩をしていたスイス人技術者のミストラル氏がこのしくみに気づき、ナイロンで無数の鉤（フック）と輪（ループ）を再現して**面ファスナー**を開発しました。

ひとつひとつのフックとループの結合は弱くても、面になることで結合が強くなり、しかも簡単にはがせてくり返し使える画期的なアイデアでした。現在では「マジックテープ*1」「ベルクロ」といった名前で商標登録され、靴やカバン、結束バンドなどで幅広く使われています。

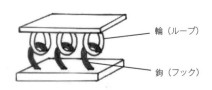

輪（ループ）
鉤（フック）

---

*1 日本で一般的な名である「マジックテープ」は、株式会社クラレの商標です。

● 超撥水(はっすい)素材

ハスの葉の上では、水滴が丸いまま転がります。これは、目に見えないほど小さな突起が無数に並ぶ凸凹構造がクッションのように水滴を支えているからです。水滴が丸いままでいられる状態を「**超撥水**」といい、ハスの凸凹構造が超撥水をおこす現象を「**ロータス効果**（Lotus＝ハス）」とよびます。泥水に浮かぶハスの葉がいつもきれいなのは、ロータス効果で水滴が葉の上を転がりながら、汚れを落としているからです。

ロータス効果を応用して、濡れにくい服、撥水スプレーなどが開発されています。ヨーグルトの容器を振っても中身がつかない裏ブタもロータス効果が応用されています。

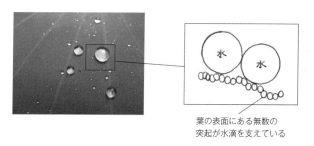

葉の表面にある無数の突起が水滴を支えている

● 新幹線の先頭フォルム

新幹線の顔にあたる先頭フォルムにも生態模倣技術が役立っています。90年代後半に登場した山陽新幹線N 500系の先頭フォルムは、その長く美しい流線型で注目を集めました。これはただ見た目のカッコよさではなく、山陽新幹線が抱えていた大問題を解決するために開発されました。

山陽新幹線では全路線の約半分をトンネルがしめます。高速でトンネルに侵入した新幹線は空気を圧縮させながら進み、出口で大音量の炸裂音を発生させてしまいます。

　「トンネルドン」とよばれたこの騒音問題を解決するヒントになったのが、獲物を捕まえるために超高速で水中にダイブする**カワセミ**です。カワセミの見事なダイブを可能にしているのは、空気抵抗を極限までおさえた嘴の形にあります。この形を再現することで「トンネルドン」は解消したのです。

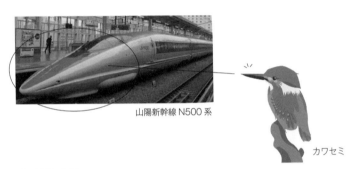

山陽新幹線 N500 系

カワセミ

● **競泳水着**

　2000 年に行われたシドニー五輪の競泳種目で出た 13 個の世界記録のうち、実に 12 個が**「サメ肌水着」**を着た選手が打ち立てました。サメ肌水着とは、名前の通りサメの体表をヒントに開発した水着で、従来の水着と比べて 7％もの抵抗軽減に成功しました。

　浮き袋をもたないサメが長時間泳ぎ続ける秘密は鱗にあります。ヤスリやおろし金に使われるほど硬いサメの鱗は、象牙質

をエナメル質がおおう歯のような構造をしているため、別名「皮歯(ひし)」ともよばれます。皮歯が並んだ体表に水があたると乱流（渦）をつくり、それが水の通過をスムーズにして抵抗を減らします。しかもゆっくり泳ぐほど小さな渦がたくさんできて、抵抗の原因になる大きな渦をつくらないので、まさに省エネの理想なのです。

サメ肌水着の秘密は、サメの皮歯をヒントにして無数の溝を並べた「リブレット」という構造です。2010年に国際水泳連盟が水着表面の加工を禁止したため、サメ肌水着の製造は中止されましたが、飛行機に導入され空気抵抗低減効果もたらしています。

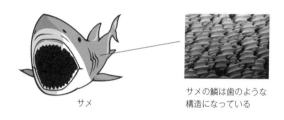

サメ

サメの鱗は歯のような構造になっている

● **生態模倣技術の未来**

今回紹介した生態模倣技術はほんの一部です。他にも、アイデア段階のものをふくめて、数えきれないほどの技術があります。

そもそも生態模倣技術の始まりは、空飛ぶ鳥を機械で再現しようとしたレオナルド・ダ・ヴィンチの時代までさかのぼります。

空飛ぶ鳥の夢はライト兄弟が実現させましたが、生態模倣技術が秘めた夢はまだまだ無限に広がっています。

48 放射能と放射線のちがいって何?

福島第一原子力発電所の事故で、放射線や放射能という言葉がニュースにあふれました。ベクレルやシーベルトという単位もよく見かけます。これらについて改めて振り返ってみましょう。

● 放射能と放射性物質と放射線

「放射能」「放射性物質」「放射線」の3つの言葉はよく似ていますね。すべてに共通している「放射」とは、「1点から四方八方に飛び出すこと」「物が光や粒子などをまわりに出すこと」を意味します。

そこで、燃えているロウソクを例にして、この3つの言葉を説明してみましょう。

まず、ロウソクが**放射性物質**にあたります。ロウソクには、その大きさなどから炎が大きいものや小さいものがあります。それぞれのロウソクによって出せる光の強さや量がちがいます。こうしたロウソクのもつ能力のことを**放射能**といいます。そして、ロウソクの炎から出る光が**放射線**です。

ロウソクにたとえると

光 = **放射線**

ロウソク = **放射性物質**

ロウソクがもつ能力 = **放射能**

第 7 章 『先端技術』にあふれる科学

● **放射線の種類**

より詳しく説明しましょう。

まず放射性物質の原子核は、放射線を出して壊れ、別の種類の原子核になる（放射性壊変(かいへん)がおきる）性質をもっています。この性質を放射能といいます。

放射性物質の原子核が放射性壊変をおこすときに、原子核から放出するのが放射線です。

代表的な放射線には、アルファ（α）線、ベータ（β）線、ガンマ（γ）線があります。[*1]

● **電離作用をもつ放射線**

これらの放射線は、電離放射線とよばれます。

放射線には**電離作用**というはたらきがあります。電離作用とは、原子をつくる電子をはじき飛ばしてしまうということです。

私たちの体をつくっているさまざまな分子は、原子どうしが電子を間にして結びついてできています。その電子をはじき飛ばしてしまうと、分子が切断されてしまい、細胞やDNA分子に障害をおこしてしまいます。

放射線の中では、**アルファ線**がもっとも電離作用が強いのですが、透過力は弱く、紙一枚（空中では数センチメートル）でもストップしてしまいます。**ベータ線**は、電離作用、透過力ともに中くらいです。数ミリメートルの厚さのアルミニウム板でストップします（空中では数メートル）。**ガンマ線**は、電離作用はもっとも小さいのですが、透過力がもっとも大きいです。

[*1] アルファ線は、ヘリウム原子核（2個の陽子と2個の中性子とがかたく結合した粒子）の流れです。ベータ線は、原子核の中からとび出した電子の流れです。ガンマ線は、レントゲン検査に使うエックス線に似たエネルギーの高い電磁波です。

体内には障害をおこしたDNAを修復するはたらきがありますが、短期間に多量の放射線を浴びると人間は死亡します。一方で少量の放射線を長く受け続けたときの影響は、まだ正確にわかっていません。がんになる原因のひとつとも考えられていますが、がんになる原因はいろいろとあるため、明確に特定できない場合が多いからです。

● 単位「ベクレル」と「シーベルト」

ベクレルは、放射能の強さを表す量です。

1ベクレルとは、1秒間に1個の原子が別の種類の原子核をもったものに崩壊するということを表しています。したがって、1秒間に100個の原子が崩壊したら、100ベクレルの放射能があることになります。

シーベルトは、人体が吸収した放射線の影響を表す単位です。

放射線にはアルファ線、ベータ線、ガンマ線などの種類があり、同じ100ベクレルでも、出てくる放射線の種類によって人体への影響が異なります。

このため、ベクレルの数値だけでは私たちの体への影響はわかりません。そこで、放射線の種類や強さを考慮して、人体が放射線によってどれだけ影響を受けるかを表す単位としてシーベルトがつくられました。シーベルトの1000分の1が「ミリシーベルト」、さらにその1000分の1が「マイクロシーベルト」となります。

放射能の強さ ＝ **ベクレル**

人体が吸収した放射線の影響量 ＝ **シーベルト**

● 自然界には常に放射線が飛び交っている

私たちが住む地球上には、常に放射線が飛びかっています。

たとえば大地にあるウランやトリウム、ラジウム、ラドン、カリウム 40 などから常に放射線が放出されています。放出された放射線を私たちは常に浴びていることになります。

宇宙からは、はるか遠くの宇宙や太陽フレアからやってくる**宇宙放射線**も常に地球上に降りそそいでいます。

さらに私たちの体の中にあるカリウム（体重の約 0.2％）の一部は放射性物質のカリウム 40（カリウムのうち 0.0012％）です。**体の内部でも、カリウム 40 などから放出される放射線を浴びている**ことになります。[*2]

これらの天然にある放射線を**自然放射線**といいます。日常生活をする中で、私たちは知らず知らずのうちに放射線を受けています。自然放射線から受ける被ばくは、合計すると年間で世界平均 2.4 ミリシーベルト、日本平均では 2.1 ミリシーベルトになります。

インドのケララ州やブラジルのガラパリなどでは、大地から受ける放射線量が日本の 10 倍以上もあることが知られています。ところが、住民の健康や遺伝的な影響が他の地域よりも多かったということは認められていません。つまり**自然放射線は「決して無害とはいえないが、まず危険性はない」**といえるでしょう。

レントゲンやCT検査、原発事故などによる放射性物質からの被ばくは**人工放射線**によるものですが、自然放射線も人工放射線も、被ばく量が同じならば人体への影響は同じです。

---

*2　体重 60 キログラムの人の体内の放射能は、カリウム 40 で 4000 ベクレル、炭素 14 で 2500 ベクレル、ルビジウム 87 で 500 ベクレルといわれています。

49 電気自動車や燃料電池車の課題と普及のカギはどこにある?

走行時に有害なガスを一切出さない「ゼロエミッション車[*1]」が理想のエコカーといわれています。電気だけで走る電気自動車と、水素を活用した電動の燃料電池車が期待されています。

● 電気自動車（EV）の課題

電気自動車（EV；Electric Vehicle）は、**ガソリンを使わず電気の力だけでモーターを動かして走行する自動車**です。その電気が風力や太陽光など再生可能エネルギーから生まれたものであれば、EVのCO_2排出量はほぼゼロだといえます。しかし実際には、**化石燃料を使う火力発電にたよっている**のが現状です。

また、EVは電気の残量がゼロになるとガス欠ならぬ「電欠」になって走行できません。その電欠にならないように、高価なニッケルやリチウムでできたバッテリー（電池）を搭載しています。従来のガソリン車のエンジンの原価は10万円程度ですが、EV用電池は60万～80万円かかります。この差額を国の補助金で埋めていますが、結果的には車体価格が高くなってしまいます。こうした車体価格の問題は、**EV用電池をつくる技術の進歩がカギ**になってきます。

また、電池の耐久性にも課題があります。携帯電話やノートパソコンと同様に、EV用の電池も充放電をくり返すたびに劣化し、フル充電しても使える電力量が徐々に少なくなっていきます。

[*1] 「ゼロエミッション（zero emission）車」とは、走行時に二酸化炭素や排気ガスを一切出さない自動車のことです。「エミッション」は、「放出」「排出」などを意味します。

1回のフル充電（急速充電）には約30分もかかり、走行できる距離は約200〜400 kmです。近場の買い物ならいいですが、長距離運転にはまだ不向きといえるでしょう。

ただ、EV用電池の充電ステーションはすでに国内に2万2000基以上[*2]あり、家庭でも設置できるので、日常的な走行のためのインフラは整備されつつあります。高性能でコストの安い電池の開発も急ピッチで進められています。

● **燃料電池車（FCV）の課題**

燃料電池車（FCV：Fuel Cell Vehicle）は、**水素と酸素の化学反応で発生した電気を使ってモーターを動かす自動車**です。名前は「燃料"電池"」ですが、実際は**電気をつくる発電機**です。

必要な酸素は空気中から取り入れるので、あとは水素さえ充填すれば、自ら電気をつくるので充電は不要です。

燃料電池車には大きく2つについての誤解があるようです。

ひとつは、「水素爆発」を連想した危険なイメージです。しかし、水素が爆発するのは密閉された空気中で4〜75％ふくまれている場合だけです。タンクに充填された水素の濃度はそれよりずっと高いので爆発できません。万が一タンクからもれても瞬間的に上へ拡散して、爆発する濃度にはなりません。**水素は性質を正しく理解すれば安全に扱える燃料**なのです。

もうひとつは、「水素は豊富でクリーン」というイメージです。**水素は確かに地球上にほぼ無限に存在しますが、燃料として使える水素は実はほとんどありません**。燃料になる水素は、天然ガス

*2　一般社団法人 次世代自動車復興センター調べ。

や石油などの化石燃料から取り出したり、工場の副生ガスから精製したりしなければ製造できないのが現状です。ただ将来的には、水素を風力・太陽光などの自然エネルギーで製造する方法が中心になっていくことでしょう。

　燃料電池車の課題は、コスト面にもあります。
　まず、燃料電池本体がとても高価です。そして、水素を貯蔵したり、燃料にするための構造（高圧タンクからの配管など）や、バッテリーの触媒になる希少金属（プラチナ）などにもお金がかかります。これらも技術面の進歩がカギを握っています。
　FCVの車体価格は1000万円を超えますが、国の補助金を利用して現在は700万円台で販売されています。販売台数を増やさない限り、FCVの普及はままならないからです。
　ランニングコストについては、1回のフル充填（約5kg）で約5500円かかり、600〜700kmの走行が可能です。**燃費はガソリン車とほぼ同じ**といえます。
　一方で、水素を充填する水素ステーションの整備は遅れています。[*2] ステーションを1カ所つくる費用は、**ガソリンスタンドの約4倍にあたる4〜5億円**です。水素の製造もおこなうタイプ（オンサイト型）と、供給するだけのタイプ（オフサイト型）があり、水素を製造したり高圧で充填したりする設備にお金がかかります。しかも採算をとるためには、1カ所あたり毎日約1000台の利用が必要だといわれています。

[*3]　水素ステーションは、現在日本全国で90基あります。(2018年8月13日現在、「燃料電池.net」参照)

● 今後の普及に期待

このように EV や FCV が広く普及するためにはまだ多くの課題があります。とりわけ、コスト面の課題をどう乗り越えていくかが、技術革新と合わせて大きなカギとなります。

ただし、これらはあくまでも執筆時点における諸課題です。

今後は、化石燃料を使うガソリン車などが徐々に後退していくのはまちがいないでしょう。地球環境を考えれば、排気ガス等を一切出さない「ゼロエミッション車」が理想であることに変わりはないからです。

電気自動車（EV）
→ 電気とモーターで走行

- 安くて高性能なEV用電池の開発がカギ
- 走行距離UPと車体価格の低下で普及が見えてくるか

燃料電池車（FCV）
→ 酸素と水素を使って電気を発電しモーターで走行（水を排出）

- 水素を安く燃料にするための技術進歩が待たれる
- 車体価格の低下と水素ステーションの普及も課題

50 自動運転車はどんなしくみで走るの？

> 運転しなくても目的地まで安全に運んでくれる車があれば、交通事故やストレスのたまる渋滞はなくなり、車内で自由な時間もつくれます。実現の鍵は自動車技術と AI のコラボにあります。

● **自動運転とは？**

　自動車の安全性能が向上し、飲酒運転の厳罰化が進んでも、年間約4千人が交通事故で命を落としています。

　最近では、アクセルとブレーキを踏みまちがえて歩道や建物に突進する事故も増えています。そうした背景から、自動車の安全技術を高めるだけでなく、運転そのものを機械にまかせる自動運転という発想が生まれてきました。

　しかし、自動車を運転するプロセスは実に複雑です。

　たとえば、エンジンをかけてブレーキを外し、アクセルを踏んで駐車場から出る、目的地まで道路状況や標識を確認しながら、スピード調整や車線変更をする、突然現われた車や歩行者をよけるために急ブレーキを踏む……。

　このように、常に運転者は周囲の情報を**「認知」**し、安全走行の知識や経験をもとに**「判断」**し、加速（アクセル）・操舵（ハンドル）・減速（ブレーキ）を組み合わせて**「操作」**しているのです。では、この「認知 → 判断 → 操作」のプロセスを機械はどのようにおこなうのでしょうか。

● 認知

自動運転では、人間の目や耳のかわりにカメラやレーダーなどの**センサー**、そして**人工衛星**から情報を受けとります。

センサーのカメラは信号の色や標識の文字を識別できますが、悪天候では精度が落ちます。レーダーは悪天候には強いけど精度は低いです。レーザーの精度は高いですが、測定範囲が狭くて高価なのが難点です。

このようにそれぞれが一長一短で、自動車メーカーは得意分野にあわせてセンサーを選択しているようです。

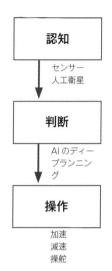

● 判断

センサーや人工衛星から受けとった情報で、人間にかわって判断を行うのが **AI（人工知能）** です。1950年代に登場した AI も、ビッグデータが普及した現在では**「ディープラーニング」**が可能になりました。

たとえば、「信号が赤になったら停車する」と入力しなくても、センサーが認知した情報（赤信号とそこまでの距離、歩行者数や場所など）と、過去の膨大な走行データ（センサーが認知している状況での安全な走行例）をもとに、AI が最適な運転操作を決定してくれるのです。

● **操作**

AIの判断は「加速」「操舵」「減速」の適切な組み合わせとして、瞬時に運転操作へフィードバックされなければいけません。その技術にはまだ課題が多く、現在の自動運転技術は人間の運転を部分的にAIがサポートする**「運動支援システム」**が中心になっています。

● **自動運転のレベルと現状**

アメリカのSAE（自動車技術者協会）がレベル０〜５までの６段階で自動運転の度合いを定義しています。レベル０は加速・減速・操舵のすべてを運転手がおこなう従来の運転です。

レベル１〜２になると運転支援システムが限定的に搭載されます。前方の車に車間距離をあけて追従する**アダクティブ・クルーズ・コントロール**、車線をはみ出したらハンドルが動いて走行車線にもどす**レーンキープアシスト**などです。

日本はレベル２の段階（2018年1月現在）

アダクティブ・クルーズ・コントロール（車間距離を維持）
レーンキープアシスト（車線逸脱補正）
危険を察知した減速・停止

完全な自動運転「レベル5」の達成には、技術的な課題だけでなく、事故がおこったときの責任の所在や、保険制度のあり方など、これまで考えもしなかった課題がたくさんあります。

自動運転の開発の中心がIT企業であることも重要です。自動運転という技術は、自動車を軸にして、経済の枠組みそのものを変えていく可能性があるのです。

自動運転技術のレベル

レベル1	ハンドル操作や加減速などいずれかを支援する運転支援レベル。
レベル2	ハンドル操作や加減速など複数を支援する部分運転自動化レベル。
レベル3	緊急時はドライバーの運転が必要な条件付き自動運転レベル。
レベル4	走行環境によってドライバーが乗らなくてもよい高度自動運転レベル。
レベル5	どのような環境下でも自動走行する完全自動運転レベル

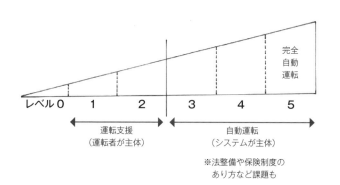

51 リニアモーターカーが動くしくみは電気シェーバーと同じ？

リニアモーターカーといえば未来の乗り物というイメージをもつ人も多いでしょう。ところが、すでに同じ原理を使った地下鉄がいくつも走っているのをご存じでしょうか。

● **リニアモーターって？**

リニアとは「**直線**」という意味です。

通常のモーターは電流と磁界の性質を利用して回転するものです。その回転を、直線的な動きにしたものが**リニアモーター**です。磁石の力で直線上を前後に動かすのです。

ある場所に移動したときに、その動きに合わせて電流が変化して、連続的に移動していきます。乗り物以外でこれと同じ原理を利用したものに、電気シェーバーやケーブルを使わないエレベーターなどがあります。

リニアモーターカー

車両とレールが引き合うようにして停車

車両とレールが反発するようにして動かす

電気シェーバー

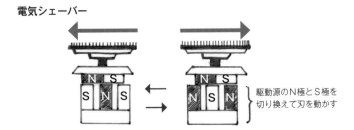

駆動源のN極とS極を切り換えて刃を動かす

● なぜ浮かせるの？

リニアモーターカーと聞いて、磁力で浮上するというイメージがあると思います。そもそもなぜ浮上させる必要があったのでしょうか。

人類は古代より、楽にものを動かすために車輪を使ってきました。自転車や自動車、鉄道もすべて車輪を使っています。空を飛ぶ飛行機でさえ、地上では車輪を使っています。車輪は摩擦を減らすために使われますが、一方では摩擦が大きくないといけない面もあります。自動車でいうとタイヤと路面との摩擦です。この摩擦が小さいとタイヤが空回りしてしまい、動くことができません。鉄道でも同様で、車輪とレールの間の摩擦がないと走ることができません。

車輪による摩擦軽減には限界があります。そこで登場したのが磁力で浮上させる方法です。浮き上がらせることで、摩擦にたよらずに推進させることができ、より高速に走ることが可能になるのです。

浮上式リニアモーターカーは、すでに香港で営業運転をしています。一見、日本のほうが遅れているように感じますが、それぞれの方式にはちがいがあります。

香港のものは、レールから1センチメートル程度浮上しているのに対し、日本のものは約10センチメートルも浮上します。この差は、地震の多い日本で安全に運行するとともに、より速度を上げることが目的です。[1]

一方で速度が上がると、問題になるのが空気抵抗です。そのた

---

[1] JR東海の走行試験では2015年に時速603キロメートルを記録しています。なお新幹線の最高時速は東北新幹線「はやぶさ」「こまち」の時速320キロメートルです。

めリニアモーターカーは、空気抵抗を小さくするために先端の長い流線型をしています。

● **鉄輪式リニアはすでに稼働中**

日本の浮上式リニアは現在、営業運転をめざして開発が進んでいるところです。それに対して車輪を使ったリニアモーターカーはすでに地下鉄などで実用化されています。東京の都営地下鉄大江戸線、大阪の市営地下鉄長堀鶴見緑地線、横浜市営地下鉄グリーンライン、福岡市地下鉄七隈線などです。

通常の電車は台車の下にモーターがあり、それを動かして移動します。それに対してリニアモーターを使った車両は台車を小さくすることができ、そのために小型化が可能です。

その他にもトンネルの断面積を小さくすることや、工期の短縮、それによる費用の削減が可能といったメリットがあります。

またリニアモーターにはカーブや勾配に強いという特徴があります。この方式のリニアモーターカーは、今後、より身近な乗り物として広がっていくと思われます。

車両の大きさのちがい

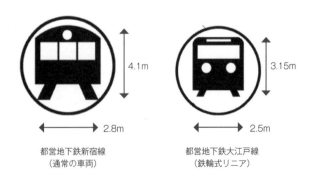

都営地下鉄新宿線
(通常の車両)

都営地下鉄大江戸線
(鉄輪式リニア)

第7章 『先端技術』にあふれる科学

52 AI（人工知能）に危険はないの？

2016年にGoogle傘下DeepMind社の囲碁AI、AlphaGo（アルファ碁）がプロ棋士に勝利するというニュースがありました。そもそも人工知能とはどのようなものなのでしょうか。

● コンピュータ関連の新分野

「AI（Artificial Intelligence：人工知能）」は1956年に誕生した古い言葉です。

現在インターネット上で手に入る画像や文章などのデータが急増し、その膨大なデータ（ビッグデータ）を利用することで人工知能の研究が加速しています。

これまでの人工知能の研究は、手持ちのデータを類型化し、コンピュータが同じような判別処理をおこなえるように学習を進めていく**「教師あり学習」**[*1]が中心でした。

たとえば株式市場では従来からコンピュータを利用し、株価を予測して瞬時に売り買いをしている会社がありますが、これはデータにもとづく株価の予測（回帰）をモデル化し、売買をおこなうものです。

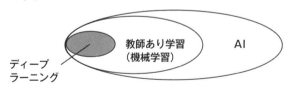

*1 機械学習の手法のひとつで、事前に大量の「質問」「解答」を覚えさせることで、「特徴」を判別できるようにする学習方法です。

209

● **ディープラーニングとは**

こうした機械学習を進歩させ、情報の伝達や処理の精度を向上させたのが**ディープラーニング**です。データの処理をおこなう中間層を多層化し、言語や画像といった抽象的なものを正確に処理できるようになりました。

たとえばGoogleのPhotosというサービスでは、同じ人の写真をグループ化したり、キーワードを指定して膨大な写真を整理したりすることができます。これは人間が分類したものを正解として示し、コンピュータに特徴を学習させてモデル化したもので**推論処理**をおこなっています。

また、GoogleやAmazonは家庭用のAIスピーカー[*2]を販売しています。非常に高い精度で言葉の「意図」を判別し、さらに発声した個人を判別して処理をさせることもできますが、これもディープラーニングで培われた音声処理がベースとなっています。

教師あり学習とディープラーニングのちがい

教師あり学習	大量のイヌの写真を見せて「これはイヌです」と覚えさせることでイヌの判別ができるようになる。 事前に大量のデータを与えないと学習できません。
ディープラーニング	「これはイヌです」と教えなくても、自ら特徴を抽出し、類型化します。事前に大量のデータがなくても、自ら学んでいきます。

[*2] Amazonは「Arexa(アレクサ)」、Googleの「Google Home」です。

また現在、日本で販売されている乗用車の多くに自動ブレーキ（衝突被害軽減ブレーキ）が搭載されつつあります。現在の運転支援（レベル1）だけでなく、条件付き自動運転（レベル3）をおこなえる車種までが市販されはじめています。[*3]

こうしたシステムにもカメラ画像をディープラーニングさせた交通状況の判断が利用されています。

● 学習と実用

ディープラーニングには膨大な計算能力が必要だと思うかもしれません。

しかし、計算能力は大量のデータにもとづく「学習処理」に必要なもので、学習の結果完成された「推論処理」だけであれば、それほど高度な計算能力は必要ありません。

ですから、モデルが完成してしまえば、車に積載できるようなコンピュータでも自動運転のような高度な処理がおこなえるようになるのです。

ちなみにプロ棋士に勝利したGoogle傘下DeepMind社のAlpha Goの進化版、Alpha Go Zeroはビッグデータと人の支援による機械学習ではなく、自分自身と膨大な数の対局をおこなうことで自己学習をおこなうという新世代版です。

紀元前から親しまれてきたといわれる囲碁の歴史の中で人類が発見してきたさまざまな攻略法（定石）を、ほぼ2日で再発見し、3日（72時間）目には人智を凌駕する強さになったといわれて、大きな話題となりました。

[*3] 市販車初となったレベル3の自動運転システムを搭載したのは『アウディA8』です。

今後、医療や社会保障をはじめとする諸分野でAIの利用が広がり、新たな治療法や製薬、社会施策などの立案に利用されると考えられています。

● AIの危険性

一方で、こうした推論処理に軽々に依存する危険性も指摘されています。

コンピュータは「特徴の抽出」は得意ですが、データの関係が相関なのか因果なのか、といった点については、学習をおこなわせる人間が理解していないと、誤った推論による差別的な判断をしてしまうことがあります。

従来であれば、人間による誤った判断は批判の対象となってきました。

しかし、AIの特性を理解せずに人間が利用すると、判断内容がブラックボックス化し、「コンピュータが判断したことだから」とその結果を妄信してしまいかねません。そうならないよう、私たちは注視していく必要があるでしょう。

AIの技術発展

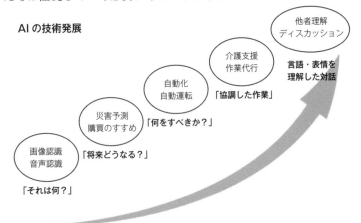

第7章 『先端技術』にあふれる科学

53 人間はAIに仕事を奪われてしまうの？

> ある論文[*1]で、「2030年には米国の雇用の47％が消える」と書かれて話題になりました。AI（人工知能）やロボットは本当に私たちの仕事を奪うことになるのでしょうか。

● **自動化できるスキル**

「自動車の自動運転が可能になれば職業ドライバーは不要になり、現在エキスパートがおこなっている投資や資産運用もAIが担うようになる。私たちの職業はAIやロボットの導入によって大きく変貌し、いくつかの仕事はもはや人間を必要としなくなる」── といった見方があります。

私たちは、コンピュータやロボットによって失業してしまうのでしょうか。

今までも、人間の職業や産業の構造は、産業革命や機械化によって何度も大きく変化してきました。身のまわりを見てみても、50年前、あるいは100年前は人が手でおこなっていた仕事が数多くあります。

たとえば家庭では、洗濯機、掃除機、食器洗浄機、電子レンジなどが普及し、長い時間と労力を必要としていた単純な家事労働が軽減されています。このため、私たちは昔の世代よりも労働や余暇に時間を振り向けることができるようになりました。

また、私たちが日々仕事をしている風景を昔の人が見たら、と

[*1] オックスフォード大学のマイケル・A・オズボーン准教授が書いた、「雇用の未来──コンピュータ化によって仕事は失われるのか」という論文です。

213

ても奇妙に思えるでしょう。郵便も読まず、ペンで書類も書かず、なにか画面を見ながら、タイプライターのようなもの（キーボード）や丸い道具（マウス）をいじってばかりなのですから。

今後、AIやロボットが本格的に普及することで、このような変化がもう一度おきる、と考えられています。従来は人間がおこなっていた接客や、ルールにもとづく判断、力を必要とする労働などを中心に置きかえが進む、と考えられています。

現在でも、ソフトバンクのPepper（ペッパー）のような接客と案内のためのロボットが利用されるようになっていますし、清掃や受付などの業務を機械化したハウステンボスの「変なホテル」が話題になっています。現在は話題づくりに思えるこうした変化が、今後さまざまな業界で、より実用的に、より身近におきると考えられているのです。

労働に必要な人が減る、というのは大問題のようにも思えるかもしれません。しかし日本をはじめ、少子高齢化などで労働人口の減少に悩まされている国は多く、そうした社会では労働の集約化は大きな助けになります。

● 新しく生まれる職業

自動車の普及でガソリンスタンドや整備士、自動車販売店が必要になり、家電製品の普及で家電店や修理技術者が必要になったのと同じように、新しい技術が誕生すれば、製造と維持管理のための多くの職業が必要になります。

今後 AI やロボットの普及により、販売やメンテナンス、サービスの維持管理をおこなうための産業が広まり、多くの技術者が必要となるでしょう。

　一方で、ひとつの職業の中では、**機械では代替できない業務の比率が増大する**でしょう。たとえば介護であれば、力が必要な介助は機械化し、対人的なケアにより多くの時間と労力を割けるようになるといわれています。

● よりクリエイティブな仕事ができる？

　こうした変化により、私たちは単純労働から解放され、芸術や研究など、よりクリエイティブな方向に労働がシフトしてゆく、とする人もいます。

　また、機械化されずに残る職業はより高度化され、複数分野にまたがる統合的なものになっていく可能性があります。たとえば、一流ホテルには顧客の要望にきめこまやかに応えるコンシェルジェというサービスがあります。こうした、顧客の個別性に考慮し、目的性や方向性を把握したうえで提案やサービスをおこなう分野は、機械化が困難だと考えられています。

　単純労働だけであれば機械が片づけてくれる世界で、自分のやりがいやスキルをどのように考え、磨いていくか。

　私たちの子どもたちの世代では、労働や社会の考え方自体が大きく変化していくことになるのかもしれません。

54 iPS細胞って何？

再生医療などの主役となることが期待されているiPS細胞。革命的な技術といわれることもありますが、ES細胞とのちがいは何で、どういう点がすぐれているのでしょうか。

● **人工的な幹細胞**

私たちの体をつくっている細胞は、受精卵の段階ではどのような臓器や器官にも分化できる能力（全能性）をもっています。しかし、発生が進んでさまざまな臓器に分化するにつれてこの能力は失われ、また、細胞が分裂できる回数にも上限が生じます。このため、私たちの体の一部が怪我や病気で失われてもそれを補うことは難しいですし、私たちの寿命にも上限があり、老衰によって死を迎えることになります。

こうした制限を取り除き、**受精卵のような多様に分化する能力と増殖能力をもった細胞である「幹細胞」**を人工的につくり出すことは人類の長年の夢でした。そうした細胞がつくり出せれば、病や怪我で失われた臓器をつくり出すことが可能になり、やがては不老不死まで実現できるかもしれないからです。

この人工幹細胞の最有力候補が、**iPS細胞**[*1]です。

● **細胞のリセットスイッチ**

私たちの細胞は、受精時に1回だけ「リセットスイッチ」が押

---

*1 induced pluripotent stem cell；人工多能性幹細胞

されて、何にでもなれる多能性と、増殖回数制限のリセットがされます。これを「リプログラミング」とよんでいますが、人工的にこのリプログラミングをおこすために、生命科学者は試行錯誤を重ねてきました。

● ES 細胞とのちがい

この分野で先行していたのが **ES 細胞**です。ES 細胞は胚(はい)(発生の初期段階)から取り出された細胞を、特殊な条件で培養することでつくり出された多能性幹細胞で、マウスからは 1981 年に、ヒトからは 1998 年につくり出されました。

iPS 細胞は、ES 細胞の内部で何がおきているのかを研究することでつくられました。リプログラミングに必要な遺伝子を研究し、ヤマナカファクター(山中因子)とよばれるたった 4 個の遺伝子を絞りこみ、これらを体細胞に導入することで、多能性をもった幹細胞をつくり出すことに成功したのです。

● ES 細胞の問題点

ヒトの ES 細胞は受精卵を材料として用います。このため、医学的治療に用いるとどうしても生命倫理上の問題が生じます。また、ES 細胞から組織が培養できても、その組織を移植しようとすると、ヒトどうしでの臓器移植同様に拒絶反応がおきてしまいます。

これに対して iPS 細胞は、臓器を必要とする人の体細胞から、直接幹細胞をつくり出すことができるのです。このため、iPS 細

胞はES細胞がもっていた倫理上の問題と、拒絶反応の問題の両方をクリアするものとして大きな注目を浴びました。

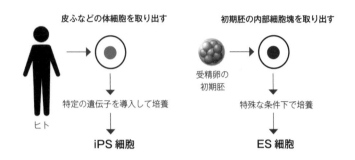

● iPS細胞の問題点

こうしてつくられたiPS細胞ですが、導入された遺伝子のうちのひとつが突然変異をおこした場合や、遺伝子の導入に使用されるツール（ウイルスのDNAに組みこみたい遺伝子を組みこみ、感染させることで導入する。ベクター）が発ガンを促進してしまう場合がある、という問題点がありました。

これらの問題の解決のために世界中の研究機関がしのぎをけずっています。[*2]

iPS細胞が実用化されれば、医学や生物学の限界が大きく変わることが予想されています。それは同時に、私たちの医療や社会のあり方そのものが大きく変化することも意味します。未来に何がおきるのか、何が待っているのか。視野を広くもって考えていきたいものです。

[*2] 使用する遺伝子を減らす、ウイルスではなくプラスミドで遺伝子を導入する、山中因子がコードしているタンパク質を直接細胞内に送りこむ（piPS細胞）、といった方法です。

第7章 『先端技術』にあふれる科学

55 iPS細胞で期待される再生医療って何？

iPS細胞によって医学界に大きな変化が訪れようとしています。なかでも注目されている「再生医療」とはどのようなもので、私たちの生活をどう変化させるのでしょうか。

● 再生医療とは

再生医療とは、人の体内にある幹細胞を取り出して培養し、人工的な組織をつくって移植をおこなったり、人工的に作成した幹細胞を人の体内に移植して損傷した臓器や組織を補ったりすることで、人体の機能を回復させる医療のことです。

今まで、臓器や組織が損傷してその機能が失われると、それを補うための医療や看護が長期間必要となり、生涯にわたった医療介入が必要でした。

再生医療は、その臓器や組織を補うことができるので、今まで不可能だったさまざまな治療が可能になり、闘病期間の短縮や社会復帰も可能になると考えられています。

平成26年（2014）に、iPS細胞を用いた移植手術が初めておこなわれました。

これは加齢性黄斑変性という中途失明の原因となる病気の治療への足がかりとなるもので、将来的にiPS細胞から作成した網膜色素上皮細胞の移植が可能になると、今まで困難だった治療への

途が開けるといわれています。

　これ以外にも、機能が衰えたり損なわれたりしている臓器をiPS細胞からつくった幹細胞で補う、あるいはさらにそこから作成した臓器を移植することで、拡張型心筋症、パーキンソン病、脊椎損傷などの治療が可能になるほか、腎臓、膵臓、肝臓などの幅広い病気への適用ができると考えられています。

　技術が進展すれば、現在献血にたよっている血小板などの血液成分すら、人工的に生産することが可能になるかもしれません。

● ばく大な費用をどう負担するか

　こうした技術を開発し、**実用化するためにはばく大な費用が必要**です。

　費用は医療行為や薬剤の対価として反映されるため、私費でおこなわれる場合にはきわめて高額な医療となり、保険などでサポートされる場合は公的な費用負担が大きく、社会全体に対する負荷が問題となってきます。

　オーダーメイド医療では遺伝子を検査して個人や病気に合った治療をおこなうことができますが、そのための検査費用が必要になります。

　遺伝子治療が実用化されれば、現在大学などで研究の一環としておこなわれている、疾患に対応したDNAの組みこみや培養を企業や病院がおこなうことになり、施設や人手への設備投資も必要になります。

● 再生医療の課題

未来社会を描いた SF などでは、オーダーメイド医療や遺伝子治療によって富裕層の不老不死が現実となる反面、貧困層にはその恩恵がいきわたらず格差が拡大するというテーマがくり返し出てきます。これは、再生医療に時間と費用がかかることが背景にあります。

たとえば人工臓器を作成する場合、**対象者の細胞を採取してiPS 細胞をつくり、それを分化させて臓器として育てる、という時間と人手が必要**です。

こうした欠点を補うために、拒絶反応をおこしにくい特異的な人の細胞から iPS 細胞を作成し、再生医療をおこなう研究も進められています。

● さまざまな新技術

21 世紀に入り、医療は大きな進展を見せようとしています。20 年前は、ヒト一人のゲノムを解析するのに 10 年以上の歳月とばく大な資金が必要でした[*1]が、現在では同様のゲノム解析は1 週間程度で可能で、費用も 100 万円前後に減少しています。

また、2013 年にはゲノムを直接編集する **CRISPR/Cas9**（クリスパー・キャスナイン）という技術も開発されました。私たちは、自分の遺伝子を読み取り、それを加工する技術まですでに入手しているのです。

[*1] こうしたヒトゲノムの全塩基配列を解析するプロジェクトを「ヒトゲノム計画」といいます。

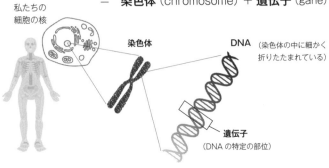

```
CRISPR/Cas9（クリスパー・キャスナイン）

Clustered Regularly Interspaced Short Palindromic Repeats
  規則的にくり返し現れるDNAの断片
CRISPR-AssociatedProteins 9
  DNA切断酵素

→ 確実に狙ったところの遺伝子を切断し、改変することが可能な技術
```

● **倫理的な判断をどうするか**

たとえばCRISPR/Cas9で遺伝子改変をおこなった場合は、改変の痕跡が残りません。そのため、遺伝的に人体を改造したアスリートが登場した場合、ドーピングと異なり、私たちにはそれを見抜くことは困難です。

多くのお金や国の名誉を左右するような科学技術が誕生すると、それが悪用される可能性も考慮しなければなりません。

一方で、災害の多発や少子高齢化などで衰退しつつある社会で

は、高齢者への医療が制限されたり打ち切られたりするなどの変化がおきるかもしれません。

私たちが当たり前だと思っているさまざまな倫理的判断が、大きくゆるがされる時代がくる可能性もあるでしょう。

そのため、新しい技術について知り、その可能性や限界、そしてメリットとデメリットについて、私たち一人ひとりが考えていく必要があるのです。

● 違法医療やニセ医学に注意を

ここで紹介したiPS細胞以外にも、さまざまな手法で再生医療の範囲は広ごうとしています。しかし、こうした動きに乗じて、**再生医療に似せた「ニセ医学」**や、違法な治療が出てくることが予想されます。私たちはそのような人や業者にだまされないよう気をつける必要もあります。

2017年には、がんの治療やアンチエイジングをうたって違法なさい帯血[*2]の移植をおこなった医師らが再生医療安全性確保法違反の疑いで逮捕される事件がおきました。

週刊誌などでは、根拠に欠ける民間療法のために治療の機会を逸し、財産も失った有名人の話もたびたび目にします。

このようなエビデンス（証拠・根拠）に欠ける行為は、病に苦しむ人を救うどころか、標準的な医療から人々を遠ざけ、命の危険すらもたらすことがあります。

「あなただけ」「特別に」といった言葉ですり寄ってくる甘い言葉にも、だまされないようにしたいものです。

[*2] へその緒から採取した血液で、幹細胞が豊富にふくまれます。

執筆者
（五十音順）

番号は執筆担当項目を示す
※肩書きは原稿執筆時点のものです

井上　貫之（いのうえ・かんじ）
理科教育コンサルタント
17,28,30,44

坂元　新（さかもと・あらた）
埼玉県越谷市立大袋中学校
14,26,41,51

左巻　健男（さまき・たけお）
法政大学教職課程センター　教授
01,02,03,05,06,07,08,10,13,15,16
22,27,29,36,37,40,42,43,46,48

十河　秀敏（そごう・ひでとし）
学校法人箕面自由学園　教育顧問
04,32,39

中川　律子（なかがわ・りつこ）
さかさパンダサイエンスプロダクション　代表
21,31,33,34,35

仲島　浩紀（なかじま・ひろき）
帝塚山中学校・高等学校
12,20,23

長田　和也（ながた・かずや）
東海大学現代教養センター　助教
09,11,25,45

夏目　雄平（なつめ・ゆうへい）
千葉大学　名誉教授
18,19,38

藤本　将宏（ふじもと・まさひろ）
兵庫県三木市立自由が丘東小学校
24,47,49,50

桝本　輝樹（ますもと・てるき）
千葉県立保健医療大学　講師
52,53,54,55

■編著者略歴
左巻　健男（さまき・たけお）
法政大学教職課程センター教授
専門は、理科・科学教育、環境教育
1949年栃木県小山市生まれ。千葉大学教育学部卒業（物理化学教室）、東京学芸大学大学院教育学研究科修了（物理化学講座）、東京大学教育学部附属高等学校（現：東京大学教育学部附属中等教育学校）教諭、京都工芸繊維大学教授、同志社女子大学教授等を経て現職。
『理科の探検（RikaTan）』誌編集長。中学校理科教科書編集委員・執筆者（東京書籍）。
著書に、『暮らしのなかのニセ科学』（平凡社新書）、『面白くて眠れなくなる物理』『面白くて眠れなくなる化学』『面白くて眠れなくなる地学』『面白くて眠れなくなる理科』『面白くて眠れなくなる元素』『面白くて眠れなくなる人類進化』（以上、PHP研究所）、『話したくなる！つかえる物理』『図解身近にあふれる「科学」が3時間でわかる本』（明日香出版社）ほか多数。

本書の内容に関するお問い合わせ
明日香出版社　編集部
☎（03）5395-7651

図解　もっと身近にあふれる「科学」が3時間でわかる本

2018年10月11日　初版発行

編著者　　左巻　健男
発行者　　石野　栄一

明日香出版社

〒112-0005 東京都文京区水道2-11-5
電話（03）5395-7650（代表）
　　（03）5395-7654（FAX）
郵便振替 00150-6-183481
http://www.asuka-g.co.jp

■スタッフ■
編集　小林勝／久松圭祐／古川創一／藤田知子／田中裕也
営業　渡辺久夫／浜田充弘／奥本達哉／野口優／横尾一樹／関山美保子／藤本さやか　財務　早川朋子

印刷　美研プリンティング株式会社
製本　根本製本株式会社
ISBN 978-4-7569-1991-5 C0040

本書のコピー、スキャン、デジタル化等の無断複製は著作権法上で禁じられています。
乱丁本・落丁本はお取り替え致します。
©Takeo Samaki 2018 Printed in Japan
編集担当　田中裕也

ISBN978-4-7569-1914-4

図解 身近にあふれる「科学」が3時間でわかる本

左巻 健男 編著

B6並製　216ページ　本体1400円＋税

科学ってわかるとおもしろい！
私たちの身の回りは、科学技術や科学の恩恵を受けた製品にあふれています。たとえば、リビングを見渡してみると、液晶テレビ、LED電球、エアコン、ロボット掃除機、羽根のない扇風機などなど。ふだん気にもしないで使っているアレもコレも、考えてみればどんなしくみで動いているのか、気になりませんか？ そんなしくみを科学でひも解きながら、やさしく解説します。

ISBN978-4-7569-1959-5

図解 身近にあふれる 「生き物」が3時間でわかる本

左巻 健男 編著

B6並製　200ページ　本体1400円＋税

私たちの日常は、あまりにも生き物だらけだ！
本書は、身近にいる生き物を、小さなものはウイルスから虫や鳥、大きなものはクマやマグロまで、そしてもちろん私たちヒトもふくめて、ぜんぶで63とりあげました。
生活の中にいつも登場する生き物の"おもしろい話"がいっぱいです！　そういえば疑問に思うこと、いわれてみれば気になること、そんな生き物のナゾにせまります。

ISBN978-4-7569-1975-5

図解 身近にあふれる 「心理学」が3時間でわかる本

内藤 誼人 著

B6並製　208ページ　本体1400円＋税

身近な疑問を心理学で解明！
職場や街中、買い物や人づきあいなど、私たちの何げない日常には「心理学」で説明できることがたくさんあります。
本書では、60の身近な事例を取り上げ、図やイラストを交えながら説明します。楽しみながら心理学を学べる、雑学教養書です。

ISBN978-4-7569-1815-4

中学・高校6年分の英語が 10日間で身につく本

長沢　寿夫 著

B6並製　256ページ　本体1300円＋税

英語一筋35年、長沢式の集大成！
ベストセラー20万部突破！
著者は、中学・高校の基礎英語を一筋に、長年教え続けてきたベテラン英語講師です。この本は、「英語の勉強をやり直したいけど、どこからどう始めればいいのかサッパリわからない方」に向けて、長沢先生が伴走者となるべく書き下ろした1冊です。どうしてもわからないところがあれば、著者に直接質問できる「質問券」付き！

ISBN978-4-7569-1885-7

中学・高校6年分の英単語が10日間で身につく本

長沢　寿夫　著

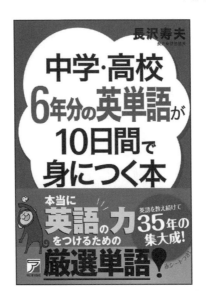

B6並製　240ページ　本体1400円＋税

「やりなおし英語」シリーズの第2段！

見開き2ページ展開で見やすく、赤シートで単語の意味を隠しながら覚えられます。中学と高校で覚えるべき必須単語を著者が厳選しました。「名詞」や「動詞」などの単語の羅列ではなく、単語を覚えることで自然に英語のルールも身につけることができます。

ISBN978-4-7569-1953-3

中学・高校6年分の英作文が 10日間で身につく本

長沢　寿夫 著

B6並製　256ページ　本体1400円＋税

「やりなおし英語」シリーズの第3段！

中学校と高校で習う英文法のうち、最低限知っておかなくてはいけないものだけを厳選、収録しました。英作文の練習ができるのはもちろん、ネイティブらしい発音の練習まで行うことができ、作文力と発音力の底上げが可能。すぐに英会話に活かせます。

ISBN978-4-7569-1981-6

＜超・図解＞身近にあふれる「科学」が3時間でわかる本

左巻　健男 編著

B5並製　96ページ　本体900円＋税

フルカラーの大判タイプでもっとわかりやすく！

私たちの身の回りは、科学技術や科学の恩恵を受けた製品にあふれています。そんな身近な家電をはじめ、科学の恩恵によってできた製品のしくみをやさしく解説します。

書籍版『図解 身近にあふれる「科学」が3時間でわかる本』を再編集した決定版！